이틀, 잠시 멈춰 서서 나에게 집중하는 시간…

일상에 지쳐 문득 다 내려놓고 싶다.

어디론가 훌쩍 떠나 볼까?

이틀
여행

2019년 6월 19일 초판 1쇄 인쇄
2019년 6월 26일 초판 1쇄 발행

지은이 | 한정은
펴낸이 | 이종춘
펴낸곳 | ㈜첨단

주소 | 서울시 마포구 양화로 127 (서교동) 첨단빌딩 5층
전화 | 02-338-9151
팩스 | 02-338-9155
인터넷 홈페이지 | www.goldenowl.co.kr
출판등록 | 2000년 2월 15일 제 2000-000035호

본부장 | 홍종훈
편집 | 상想company, 이소현
디자인 | 상想company
사진 | 한정은, 서창문, 서혜준
교정·교열 | 최현미
전략마케팅 | 구본철, 차정욱, 나진호, 이동후, 강호묵
제작 | 김유석

ISBN 978-89-6030-528-1 13980

BM 황금부엉이는 ㈜첨단의 단행본 출판 브랜드입니다.

–

황금부엉이에서 출간하고 싶은 원고가 있으신가요? 생각해보신 책의 제목(가제), 내용에 대한 소개, 간단한 자기
소개, 연락처를 book@goldenowl.co.kr 메일로 보내주세요. 집필하신 원고가 있다면 원고의 일부 또는 전체를
함께 보내주시면 더욱 좋습니다.
책의 집필이 아닌 기획안을 제안해주셔도 좋습니다. 보내주신 분이 저 자신이라는 마음으로 정성을 다해 검토하
겠습니다.

당신에게 주는 선물

이틀
여행

한정은 지음

BM 황금부엉이

Prologue

여행,
잠시 멈춰 서서
나에게 집중하는
시간을 가져볼 용기

현대인은 대부분 '번아웃 증후군'을 경험한다. 과도한 학업이나 업무로 인한 스트레스, 치열한 경쟁, 예민한 인간관계, 각종 공해 등으로 현대인들의 일상은 복잡하고 힘겹다. 나 역시 마찬가지다. 20년 가까이 이어온 에디터의 삶은 결코 녹록지 않다. 수많은 사람들과의 만남과 그 속에서 알게 모르게 치르는 미묘한 신경전, 누구보다 트렌드에 민감하고 감각적이어야 하는 업무이기에 늘 긴장을 놓지 못하는 데서 오는 부담감, 그리고 마감이라는 시한을 엄수해야 하는 데서 비롯한 긴장감 등에 시달리다 보면 문득문득 모든 것을 내려놓고 싶다. 그럴 때면 나는 훌쩍 여행을 떠난다. 그곳이 어디라도 상관 없다. '여행'이라는 행위가 주는 특별한 힘이 공간을, 시간을 새로움으로 물들이기 때문이다.

매일 반복하던 일상도 '여행'으로 마주하는 순간 다르게 느껴진다. 매일 함께하던 공기도, 햇살도, 바람도 색다르다. 낯선 것에 대한 경계가 느슨해지고, 익숙한 것은 낯설어진다. 이것이 바로 여행이 가진 매력이다. 하지만 많은 사람이 여행을 주저한다. 시간이 나지 않아서, 마음의 여유가 없어서, 같이 갈 사람이 없어서 등등 주저하는 이유도 다양하다. 하지만 여행이라고 해서 특별할 것이 없다. 굳이 멀리 떠나지 않더라도, 거창한 계획이 없어도 여행은 그 자체로 지친 몸과 마음에 생기를 불어넣어 기분을 전환해주기 때문이다.

일상에 지쳐 있다면, 삶이 무료하게 느껴진다면, 새로운 전환점이 필요하다면 주저 없이 여행을 떠나볼 것을 권한다. 시간이 많지 않다면 가까운 곳으로 가도 좋다. 혼자만의 여행이라면 온전히 나를 마주할 수 있어 더 좋다.

여행의 가장 큰 묘미는 낯선 세계에 나를 던지고, 그 안에서 벌어지는 다채로운 일들을 경험하는 것이다. 지칠 대로 지치고 힘든 일이 계속될 때면 나는 넋 놓고 주저 앉아 있는 대신 다음 여행을 계획하며 짐을 싼다. 참으로 신기한 것이 여행은 떠나기 전부터 다녀온 이후까지 다양하게 변주하는 '설렘'이라는 감정을 불러일으킨다. 그래서 여행을 계획하는 것만으로도 일상이 리프레시되는 신기한 경험을 할 수 있고, 다녀온 후에는 이를 동력 삼아 활기찬 일상을 이어갈 수 있다.

아직도 여행을 주저한다면, 혹은 반복되는 일상에 지쳐 있다면 이 책을 보며 용기를 내보자. 잠시 멈춰 서서 나에게 집중하는 시간을 가져볼 용기, 그 하나면 충분하다.

당신에게 선물하는 특별한 이틀,

한정은

Contents

* 소요시간은 네이버 지도/카카오 맵의 편도를 기준으로 합니다.

한 시간, 일상과 일상 사이의 쉼표

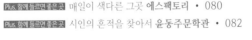

두 시간, 잠시 멈추고 돌아보는 시간

세 시간, 타인의 일상에 스며들다

네 시간, 스스로에게 선물하는 치유

다섯 시간, 길 위에서 진정한 나를 마주하다

Book Point

이 책은 복잡한 일상에서 벗어나 나를 위한 여행을 떠나는 '이틀의 시간'을 위한 지침서입니다.
여행하기에 길지도 짧지도 않은 이틀. 그 시간이 오롯이 나의 시간으로 주어진다면, 이 시간을 얼마나 나에게 집중하며, 나를 위한 힐링의 시간으로 만들 수 있을까요? '어디로 갈까, 어떻게 준비할까' 고민만 하다가 막막해서 혹은 귀찮아서 포기한 적이 있지는 않은가요? 이 책은 그런 당신을 위한 책입니다. 이틀이라는 시간을 오롯이 나에게 집중하며 일상을 리프레시할 수 있는 방법을 제안합니다.

이틀이라는 시간을 온전히 나만의 시간으로 만들기 위해서는 여행지까지 이동하는 시간이 얼마나 걸리는지도 중요합니다. 이 책에서는 각각의 여행지를 편도 시간대별(서울역 출발 기준)로 나누어 구성했습니다. 소박하지만 평온한 시간이 있는 곳, 혼자만의 호사를 만끽할 수 있는 곳, 혼자서 즐겨도 전혀 외롭지 않은 곳들로 말입니다. 이틀 동안 다양한 곳을 다녀봐도 좋고 마음에 드는 한 장소에서 머물러도 좋습니다. 나만의 여행 코스를 만들어서 말이지요. 혼자여도 좋고, 여럿이서 같이 즐겨도 좋습니다. 일상을 뒤로하고 선뜻 여행을 떠나기가 주저된다면 일단 이 책에서 추천하는 가까운 곳부터 시작해보세요.

책 속 여행 팁과 QR코드가 순조로운 여행 준비를 도울 겁니다. 장소마다 '나만의 여행정보'를 쓸 수 있게 되어 있어 여행지에서 느낀 감정이나 생각을 정리할 수 있습니다. 각 파트의 말미에는 여행 코스를 직접 짜볼 수 있는 페이지도 마련되어 있으니, 가고 싶은 곳을 정리해서 나만의 여행 코스를 짜보세요.
자, 이제 특별한 나만의 이틀여행을 떠나볼까요?

시간대별 가이드
이 책은 서울역에서 출발해서 도착하는 데 까지 걸리는 시간을 기준으로 장소를 구분했습니다. 각 가이드라인과 메인 페이지의 컬러로 시간 단위의 여행지를 구분해보세요.

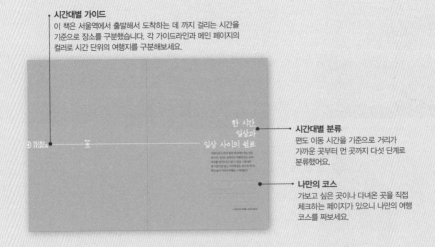

시간대별 분류
편도 이동 시간을 기준으로 거리가 가까운 곳부터 먼 곳까지 다섯 단계로 분류했어요.

나만의 코스
가보고 싶은 곳이나 다녀온 곳을 직접 체크하는 페이지가 있으니 나만의 여행 코스를 짜보세요.

＊이 책의 정보는 2019년 5월 기준으로 변동될 수 있으므로 장소별 문의처에 문의하시기 바랍니다.

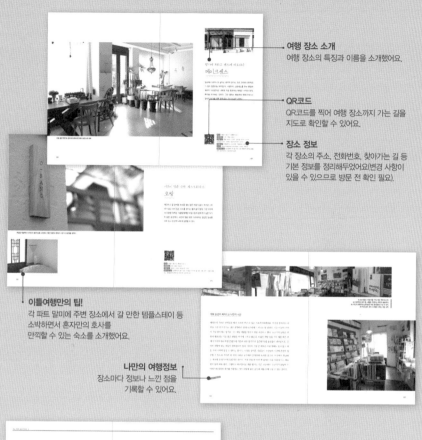

여행 장소 소개
여행 장소의 특징과 이름을 소개했어요.

QR코드
QR코드를 찍어 여행 장소까지 가는 길을
지도로 확인할 수 있어요.

장소 정보
각 장소의 주소, 전화번호, 찾아가는 길 등
기본 정보를 정리해두었어요(변경 사항이
있을 수 있으므로 방문 전 확인 필요).

이틀여행만의 팁!
각 파트 말미에 주변 장소에서 갈 만한 템플스테이 등
소박하면서 혼자만의 호사를
만끽할 수 있는 숙소를 소개했어요.

나만의 여행정보
장소마다 정보나 느낀 점을
기록할 수 있어요.

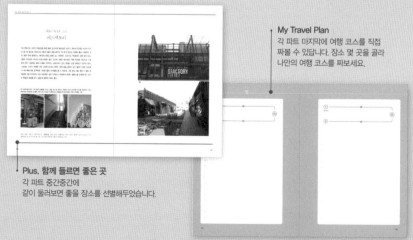

My Travel Plan
각 파트 마지막에 여행 코스를 직접
짜볼 수 있답니다. 장소 몇 곳을 골라
나만의 여행 코스를 짜보세요.

Plus, 함께 들르면 좋은 곳
각 파트 중간중간에
같이 둘러보면 좋을 장소를 선별해두었습니다.

SEOUL
STATION

1hour
Seoul

한 시간, 일상과 일상 사이의 쉼표

여행이라고 해서 멀리 떠나야만 하는 것은
아니다. 가까운 곳에서도 여행이 주는 쉼과
여유를 얼마든지 느낄 수 있다. 서울에서
한 시간이면 닿는 거리에 있는 장소에서부터
부담 없이 나만의 여행을 시작해보자.

* 소요시간은 편도를 기준으로 합니다.

아날로그 감성 가득한 남산 아래 골목
해방촌

트렌드가 빠르게 변화하는 만큼 사람들이 모이는 핫 플레이스도 시시각각 바뀐다. 하지만 해방촌만은 다르다. 남산 앞에 자리한 작은 마을 해방촌은 오래전부터 꾸준히 사랑받고 있다. 세월의 흔적이 켜켜이 쌓인 골목 구석구석에 젊은이들이 모여들어 생기를 불어넣고, 오랫동안 마을을 지켜온 토박이들과 이곳에 터전을 잡은 외국인들이 뒤섞여 살아가는 이곳은 흥미로움 그 자체다.

찾아가는 길 숙대입구역 2, 3번 출구로 나와 직진
또는 녹사평역 2번 출구로 나와
02번 마을버스를 타고 후암동 종점에서 하차

좁고 가파른 해방촌 골목 어디에서나 N서울타워를 볼 수 있다.

부조화가 만들어내는 독특한 풍경

남산 앞에 있는 이 작은 마을은 이름부터 흥미롭다.
1945년 광복과 함께 해외에서 돌아온 사람들과 북
쪽에서 월남한 사람들이 정착하면서 해방 이후에 생
긴 마을이라 하여 '해방촌'이라고 부르기 시작했다고
한다. 계획하고 세운 마을이 아니어서인지 해방촌은
유독 골목이 비좁고 가파르다. 그리고 세월의 흔적
이 켜켜이 쌓여 있는 데다 사람들의 생활이 고스란
히 드러나 어지럽기 그지없다. 하지만 이것이 바로
해방촌만의 색깔이다. 해방촌의 매력은 또 있다. 미
군 부대가 가까이에 있었던 때문인지 지극히 한국적
이고 예스러운 이 마을에는 많은 외국인들이 산다.
그리고 그들을 위한 이국적인 가게와 해방촌 분위기
에 매료되어 이곳에 터를 잡은 예술가들의 작업실
등이 뒤섞여 독특한 분위기를 자아내고 있다. 이 묘
한 느낌 때문인지 해방촌에서는 발걸음을 내딛는 순
간부터 일탈이 시작된 기분이 든다. 비좁고 가파른
언덕길을 오르락내리락하는 건 여간 고생스러운 일
이 아니지만, 구석구석을 돌아보는 재미에 발걸음이
절로 옮겨진다.

넌 할 수 있어

01 각 가정에서 수도계량기로 연결되는 파이프마저 컬러풀하다.
02 골목은 가파른 언덕과 계단으로 이어진다.
03 계단을 오르는 사람들에게 용기를 주는 문구.
04 골목은 구식이고 오래됐지만 정겹다.
05 해방촌 사람들의 세월의 무게를 고스란히 느낄 수 있는 108계단.
현재는 경사형 승강기가 설치되어 주민들의 이동을 돕는다.

고된 삶의 무게를 간직한 후암동 108계단

남산과 가장 가까운 마을 해방촌에서는 골목 어디에서나 N서울타워를 볼 수 있다. 남산을 향해 난 끝없이 이어진 계단길은 해방촌의 상징과도 같다. 전쟁 직후 이곳에 모여살기 시작한 사람들은 수도가 없었던 탓에 산 아래까지 내려와 물을 길어야 했고, 이 계단길을 오르내리며 고단한 삶을 이어갔다. 계단은 처음 만들어질 때는 108개였으나, 보수공사를 하던 중 한 칸이 사라져서 지금은 107개의 계단만이 남아 있다. 낡고 가파른 계단을 올려다보고 있노라면 그 시절의 고단한 삶이 느껴지는 듯하다. 하지만 최근에는 이 계단길에 엘리베이터가 설치되어 힘겹게 오르내리는 수고를 덜어준다. 계단을 올라가는 엘리베이터는 수직으로 하강하는 기존 엘리베이터와 다르게 경사로를 비스듬히 올라간다. 예상외로 빠른 속도로 이동하는 엘리베이터를 타고 있으면 마치 케이블카를 탄 것 같다. 엘리베이터는 계단 양쪽에 위치한 집과 골목에 닿을 수 있도록 총 4개 층에 정차하는데, 그 덕분에 중간중간 내려 골목의 정취를 살펴보는 재미도 있다. 108계단을 올라온 후 큰길 쪽으로 걷다 보면 용산2가동 주민센터 앞에 위치한 신흥시장에 닿는다.

시간이 멈춘 듯한 신흥시장

해방촌은 사실 발길 닿는 대로 걷기만 해도 좋은 동네다. 처음 이곳을 찾은 사람들에게 이 정표가 될 만한 곳은 해방촌 오거리에 위치한 신흥시장이다. 1968년에 지어진 이 시장은 예스럽기 그지없다. '서울 한복판에 이런 곳이 아직 있었다니!' 싶을 정도로 낡고 오래된 시장 입구에 들어서면 마치 타임머신을 탄 것 같은 느낌이 든다. 1980년대까지만 해도 활기가 넘치던 이 시장은 10~20년 전부터 쇠퇴의 길을 걸었다. 시장 내 가게들은 대부분 문을 닫고, 현재는 생필품이나 철물을 파는 몇몇 가게만 남아 있다. 하지만 이곳에도 최근 새바람이 불고 있다. 곳곳에 새로운 카페와 공방 등 청년 사업가들의 매장이 들어선 것. 거칠고 투박한 시장에 개성 있는 가게들이 들어서면서 시간이 멈춘 시장이 다시 활기를 찾기 시작한 듯하다. 어두컴컴한 시장을 비집고 들어가면 오래된 상점 사이사이 개성 있는 가게들이 눈에 띈다. TV 프로그램에 소개되며 유명해진 몇몇 맛집은 끼니때가 되면 가게 앞에 줄을 서야 할 정도로 인기가 많다. SNS에서 핫 플레이스로 떠오른 카페들도 마찬가지. 가죽공예나 펫자수를 배워볼 수 있는 공방도 있으며, 레트로 감성으로 꾸민 오락실에서 추억의 게임을 즐겨도 좋다.

01 새롭게 들어선 청년 사업가의 가게와 오래된 노포가 공존한다.
02 아날로그 감성이 느껴지는 오락실.
03 개성 있는 소품과 인테리어가 행인의 발길을 사로잡는다.
04 1980년대로 타임 슬립이 시작되는 신흥시장 입구.
05 정돈되지 않은 듯 어수선한 시장 풍경이 오히려 정겹다.

주인의 취향이 곳곳에 담긴 스토리지북앤필름의 전경.

주인의 취향에 반하다
스토리지북앤필름

대형 서점의 매대에 비치되어 있는 책들은 다 비슷비슷하다. 이런 획일적인 추천이 지겨울 때 대안으로 떠오르는 곳이 바로 독립 서점이다. 해방촌에는 몇 개의 독립 서점이 있다. 그 중 한 곳이 바로 스토리지북앤필름이다. 이곳은 여느 독립 서점과 마찬가지로 책방 주인이 공들여 선발한, 대형 서점에서는 볼 수 없던 새롭고 신선한 독립 출판물들을 만날 수 있다.

주소 서울시 용산구 신흥로 115-1
전화번호 070-5103-9975
이용시간 매일 13:00~19:00
SITE www.storagebookandfilm.com
찾아가는 길 숙대입구역 2, 3번 출구로 나와 용산2가동주민센터 방향으로 직진

책에 온전히 빠져드는 나만의 시간

해방촌의 가파른 언덕길을 따라 오르면 만날 수 있는 스토리지북앤필름. 이곳을 들어서는 사람을 가장 먼저 반기는 것은 편안하다 못해 나른하게 느껴지는 향 냄새다. 이는 이곳의 주인이 가장 좋아하는 향기로 그는 매일 책방을 열면서 향을 피운다고 한다. 누군가의 남다른 취향에 매료되는 기분 좋은 경험은 여기에 그치지 않는다. 비좁은 책방 안을 가득 채운 책은 주제가 독특하거나 특정 콘텐츠에 기존과 다른 방식으로 접근한 독립 출판물이 대부분으로, 주인의 취향에 맞는 책들이 컬렉션되어 있다. 이곳의 가장 큰 매력은 어떤 방해도 받지 않고 책을 보며 사색에 잠길 수 있다는 점이다. 서점을 찾아온 사람들이 자신만의 시간에 온전히 집중할 수 있도록 주인은 천 뒤의 가려진 공간에서 혼자만의 독서를 즐긴다. 이곳에서 취급하는 책처럼 분위기마저 독립적인 셈이다. 서점 안을 한 바퀴 휘 돌아본 다음 마음에 드는 책을 펼쳐 들어 봐도 좋다. 그렇다고 마구잡이로 책을 펼치는 것은 곤란하다. 누군가가 공들여 쓴 이야기에 정당한 대가를 지불하는 것이 이렇게 좋은 공간과 책을 오래 누릴 수 있는 길이다.

나만의 여행정보

01, 03 비좁은 서점 안을 가득 채운 책과 포스터.
02 에코백과 배지 등 소품을 구경하는 재미도 쏠쏠하다.
04 주인의 취향으로 골라놓은 독립 출판물을 만날 수 있다.
05 책과 음악, 향이 조화를 이루는 서점 내부.

남산, 그리고 하늘에 닿다

오리올

해방촌 맨 끝에 위치한 오리올은 낮이든 밤이든 최고의 전망을 자
랑한다. 그중 백미는 야경. 아래로는 후암동과 이태원의 전경이,
위로는 N서울타워가 보이는 야경은 서울에서 가장 아름답다고
해도 과언이 아니다.

주소 서울시 용산구 신흥로20길 43
전화번호 02-6406-5252
이용시간 Brunch Cafe 평일 11:30~18:00, Bar & Dining 매일
18:00~01:00, Rooftop 매일 11:30~22:00
이용요금 아메리카노 5,000원, 프렌치토스트 16,000원
SITE www.instagram.com/oriole_hbc
찾아가는 길 402번 버스를 타고 후암약수터에서 하차해 걸어서 2분

빈티지한 벽돌 건물이 시선을 사로잡는 오리올의 외관.

서울의 야경을 품은 전망 좋은 루프톱

오리올은 좀처럼 찾기 힘든 위치에 있다. 해방촌과 남산을 웬만큼 드나들어도 발길이 쉬 닿지 않는 후암동 끝자락에 자리 잡고 있기 때문이다. 간판도 아주 작아 스쳐 지나기 쉽다. 후암동 언덕 꼭대기에서 빈티지한 그레이 컬러의 2층짜리 벽돌 건물을 발견했다면 그곳이 맞다. 이곳은 오픈 당시 가수 정엽이 운영하는 곳으로 화제를 모았지만 현재는 서울에서 가장 전망 좋은 루프톱이 있는 곳으로 더 유명하다. 해방촌의 여느 루프톱과 달리 이곳은 예약 시스템이 없다. 그래서 불쑥 찾아가도 아름다운 야경을 즐길 수 있다. 이곳에서 보는 서울의 풍경은 참으로 아름답다. 낮과 밤 모두 그만의 매력을 가진 곳이라 언제 방문해도 좋지만 개인적으로는 밤의 오리올이 더 멋지다고 생각한다.

01 2층 바의 창문을 통해 후암동 일대 전경이 한눈에 들어온다.
02 위로는 색색으로 불을 밝힌 N서울타워가 보인다.
03 꾀꼬리라는 뜻을 가진 오리올의 네온사인.
04 노출 콘크리트와 빈티지한 소품으로 꾸민 실내.

01

02 03 04

매끈한 빌딩 숲 속 루프톱보다 세련되지는 않지만 훨씬 더 낭만적이다. 노을이 질 무렵 1층 카페에서 음료를 주문해 루프톱으로 올라간다. 후암동의 낮고 복잡한 스카이라인을 따라 넘어가는 해를 보고 있으면 힘겨웠던 하루를 위로받는 느낌이 든다. 해가 넘어가고 여기저기 불빛이 켜지면 이곳의 피크 타임이 시작된다. 위로는 N서울타워까지 예쁘게 불을 밝힌 야경을 보고 있으면 시간이 흐르는 것이 못내 아쉽다.

나만의 여행정보

기분 좋은 향기와 음악이 어우러진 메이크센스의 내부.

향기에 취하고 센스에 매료되다
메이크센스

일상에서 벗어나고 싶다는 생각이 든다는 것은 그만큼 스트레스가 많이 쌓였다는 의미일 터. 사람마다 스트레스를 푸는 방법은 제각각 다르겠지만 나에게 가장 효과적인 방법은 시각과 청각, 후각을 자극하는 것이다. 그런 점에서 해방촌의 메이크센스는 일상이 버거울 때면 찾게 되는 은신처 같은 곳이다.

주소 서울시 용산구 신흥로11길 4
전화번호 070-7799-5353
이용시간 평일 14:00~22:00, 금요일 14:00~23:00,
토요일 12:00~23:00, 일요일 12:00~22:00
이용요금 아메리카노 4,500원, 카페라테 5,000원
SITE www.instagram.com/make_sense_official
찾아가는 길 녹사평역 2번 출구로 나와 해방촌 항아리길을
따라 삼거리까지 직진하면 왼쪽

힘들고 지친 마음을 위로하는 향기의 마법

한시도 가만있지 못하는 성격이지만 가끔은 햇살이 잘 드는 창가에 앉아 아무것도 하지 않고 지나는 사람들을 구경하면서 시간을 보내고 싶을 때가 있다. 숨 쉴 틈 없이 바쁜 하루하루에 완전히 지쳐 있을 때다. 커다란 유리창으로 햇빛이 쏟아져 들어오고 조용한 음악이 흐르는 곳에서 즐기는 차 한 잔의 여유가 필요한 때. 이런 날 수많은 카페 중 메이크센스로 발걸음을 옮기는 이유는 심신이 리프레시 되는 기분 좋은 향기가 공간을 가득 채우고 있기 때문이다. 메이크센스는 요즘 유행하는 공방 카페로, 조향사의 작업실 겸 카페로 운영하는 곳이다. 여유로운 분위기의 실내와 조향사가 만들어낸 감각적인 향. 그 덕분인지 그 어떤 곳보다 더 큰 힐링 효과를 선사한다.

01 예약하면 왁스 태블릿이나 니치 향수를 만들어보는 원데이 클래스를 체험할 수 있다. 02 주문하는 곳도 주인의 감성을 담아 아기자기하게 꾸며놓았다. 03 조향사의 작업실임을 알리는 조향대.

눈, 코, 입이 즐겁다

한국적이면서도 이국적인 동네 해방촌의 큰길을 따라 삼거리 쪽으로 걷다 보면 네이비, 퍼플, 옐로 세 가지 색이 조화를 이룬 외관이 시선을 사로잡는 카페가 나타난다. 들어서는 입구부터 감각적인 이곳이 바로 메이크센스다. 문을 열고 들어서면 여느 카페와 다른 은은한 향기가 코끝을 타고 온몸을 감싼다. 내부의 왼편은 카페, 오른편은 작업실로 공간이 나뉘어 있고, 가운데에 조향사가 만든 디퓨저와 향수, 왁스 태블릿 등이 전시되어 있어 향을 맡아보고 마음에 드는 제품을 구입할 수도 있다. 앤티크한 가구와 소품, 자연을 그대로 들인 것처럼 잘 자란 식물들, 그리고 얼마 전까지 작업실을 함께 사용했던 일러스트 작가의 그림과 이곳 주인장인 조향사의 작업 도구 등이 뒤섞여 힙한 분위기를 자아낸다. 그야말로 주인장의 센스가 빛나는 공간으로 예쁘게 꾸며놓은 구석구석이 모두 포토 존이다. 곳곳을 둘러보며 시간을 보내다 햇빛이 잘 드는 창가에 자리를 잡고 앉는다. 이곳에서는 커피는 물론 각종 차와 수제 과실청으로 만드는 음료, 맥주, 디저트 등을 주문할 수 있다. 그때그때 기분에 따라 날씨에 따라 마실 거리와 디저트를 주문하고 앉아 잔잔히 흐르는 음악을 듣는다. 눈과 코, 귀와 입까지 그야말로 오감이 만족스러운 시간을 보낼 수 있다.

01

02

03

04

05

01 한 방울씩 계량해가며 마음에 드는 향을 찾는 일은 퍽 즐겁다.
02, 03, 04 디퓨저와 왁스 태블릿, 룸 스프레이 등이 전시되어 있어 향을
맡아보고 마음에 드는 것을 구입할 수 있다. 05 앤티크한 소품으로 꾸민 실내.

색다른 경험을 선사하는 원데이 클래스

메이크센스를 색다르게 즐기는 방법은 예약하고 가서 원데이 클래스에 참여하는 것이다. 왁스 태블릿 만들기, 디퓨저 만들기, 니치 향수 만들기 등 향과 관련된 수업 중 원하는 것을 예약하면 두 시간 남짓한 시간을 알차게 보낼 수 있다. 왁스 태블릿은 왁스를 녹여 원하는 향을 첨가한 후 틀에 붓고 말린 꽃으로 그 위를 장식하는 순서로 진행한다. 생화와는 다른 매력을 지닌 말린 꽃을 조합해 새로운 무언가를 표현해보는 낯선 경험은 이색적인 즐거움을 선사한다. 손재주가 없어도 금방 따라 할 수 있을 정도로 쉽기 때문에 친구나 연인, 가족과 함께 해도 좋다. 다양한 향을 맡아보고 원하는 향을 조합하는 좀 더 심화된 향의 세계를 경험하고 싶다면 니치 향수 만들기 클래스를 추천한다. 세상에 향이 이렇게 많았나 싶을 정도로 다양한 향을 맡아보고 좋아하는 향을 선별하는 작업은 왁스 태블릿 만들기에 비해 좀 더 정교한 집중력을 요하지만, 나의 취향에 온전히 집중할 수 있는 특별한 경험이 된다. 좋아하는 향을 베이스, 미들, 톱 세 단계로 나눠 혼합하면 향수가 만들어진다. 이 과정에서 조향사가 개인의 의견을 존중하면서 완성도 높은 향수를 만들 수 있도록 여러 조언을 해주기 때문에 어려울 것은 없다. 이렇게 만든 향수에 직접 이름을 붙이면 그 자리에서 라벨을 붙여주는 것으로 나만의 향수 만들기가 끝난다. 이 클래스의 좋은 점은 만드는 동안 재미있을 뿐 아니라 완성된 향수를 받아 들었을 때의 성취감이 높고, 선물하거나 두고두고 사용하는 내내 일상에 색다른 자극이 된다는 것이다. 예약은 전화나 인스타그램 다이렉트 메시지 또는 카카오톡에서 '아이피오리'로 검색해 메시지를 보내면 된다.

나만의 여행정보

지붕 없는 박물관
성북동길

옛사람들의 흔적과 문화의 향기가 가득한 곳, 성북동의 시간은
유난히 천천히 흐른다. 이곳에는 많은 이야기가 담겨 있다. 오랜
세월 속에 자연스럽게 새겨진 이 이야기들은 성북동 특유의 분
위기가 되고, 이 길을 걷는 이들에게 특별한 울림을 준다.

찾아가는 길 한성대입구역 5번 출구로 나와 나폴레옹과자점
부터 시작

느리게 걷는 동네

'성북동 비둘기'라는 시를 아는 사람이 많을 것이다. 학창 시절 교과서에서 이 시를 읽었을 때 난개발로 본모습을 잃어가는 성북동과 그 때문에 박탈감을 느끼는 시인의 아픔이 마음 깊이 와 닿았다. 적어도 나에게 성북동은 오랜 시간 동안 그런 동네였다. 하지만 그로부터 50년 가까이 지난 지금은 그때의 개발이 무색하게 낙후한 동네다. 지하철역에서 나와 마주하는 성북동은 기대와 좀 다른 모습이다. 개성 있고 감각적인 카페와 갤러리, 옷 가게 등이 들어서 있기 때문. 하지만 조금만 더 걸어 올라가면 성북동의 조용한 마을 길을 만날 수 있다.

성북동은 곳곳이 숨은 명소다. 이 명소들은 걸어 다니면서 구경하기에는 거리가 제법 떨어져 있고, 언덕을 올라야 하므로 마을버스를 이용하는 것이 편리하다. 하지만 성북동 특유의 정취를 느끼기에는 천천히 걷는 일만 한 것이 없다. 성북동길을 걷는 코스는 여러 가지다. 추천하는 코스는 최순우 옛집에서 시작해 선잠단지, 길상사, 심우장, 수연산방으로 이어지는 길이다. 길을 걷다 보면 중간중간 우리나라 최초의 민간 박물관이자 국보급 문화재가 가득한 간송미술관과 한국 가톨릭 최초의 내국인 남자 수도회인 한국순교복자성직수도회 구 본원 등 유서 깊은 곳을 만날 수 있다. 심우장으로 가는 길에 서울의 마지막 달동네인 북정마을을 둘러봐도 좋다. 이곳은 한양도성과 맞닿아 있어 개발이 제한된 곳이다. 가파른 산비탈에 오밀조밀 이어진 작은 집과 좁은 골목 사이를 아슬아슬하게 다니는 마을버스 등 서울에서 좀처럼 보기 힘든 풍경을 마주할 수 있다. 마치 서울에서 이곳만 시간이 느리게 흐르는 것 같다.

나만의 여행정보

| 01 한국 가톨릭 최초의 내국인 남자 수도회인 한국순교복자성직수도회. 02 산과 어우러진 풍경이 멋스러운 덕수교회.
03 정비 사업으로 예전 모습이 사라진 쌍다리길.

02 03

조선시대 양잠의 역사를 한눈에 성북선잠박물관

성북동길 초입에 이전에 보지 못했던 새로운 건물이 눈에 띈다. 2018년 4월에 개관한 성북
선잠박물관이다. 먹고 입는 것이 중요했던 고대사회에는 누에고치를 키워 실을 생산하는 양
잠이 중요한 산업이었다. 그래서 양잠의 신 서릉씨에게 제사를 지내는 선잠제를 통해 풍요
와 안정을 기원했다고 한다. 선잠제는 단순한 제사가 아니라 의례에 음악, 노래, 무용 등이
어우러져 있어 지키고 알아야 할 소중한 문화유산이다. 성북동에는 조선시대에 선잠제를 지
냈던 선잠단 터가 남아 있는데, 이를 복원하는 사업의 일환으로 성북선잠박물관을 개관한
것이다. 지하 1층, 지상 4층 규모의 이곳에는 조선시대 선잠단에 관련된 자료와 기증품이 전
시되어 있다.

01 성북선잠박물관의 외관. 02 오전 10시부터 오후 6시까지 관람할 수 있으며 매주 월요일에 휴관한다. 03 선잠제의 역
사와 유래 등을 알 수 있다. 04 기획전시실은 전시의 테마가 수시로 바뀐다.

그림같이 정갈한 최순우 옛집

성북동길 시작점에서 약간 비껴든 골목에 〈무량수전 배
흘림기둥에 기대서서〉를 쓴 최순우 작가의 옛집이 있다.
1930년대에 지은 한옥으로 선생이 1984년 작고할 때까지
이 집에서 살았다. 현재는 시민운동 단체인 한국내셔널
트러스트가 매입해 최순우 기념관으로 운영하고 있다. 구석
구석 그의 손길이 닿은 집은 자연스럽고 소박한 멋이 남아
있다. 대문을 지나 안으로 들어가면 수령 100년이 훌쩍 넘
은 향나무와 소나무가 눈길을 끈다. 이 집에서 가장 아름
다운 곳은 뒷마당이다. 나무가 한창 우거질 계절이면 단풍
나무와 대나무, 석물이 조화를 이뤄 한 폭의 그림 같다. 뒷
마당 한쪽에 놓인 돌의자에 앉아 잠시 쉬노라면 한옥의 고
즈넉한 멋에 빠져든다.

01 집 내부에 최순우의 저서와 육필 원고 등이 전시되어 있다. **02** 고즈넉한 모습으로 방문객을 맞는 대문. **03** 뒷마당 한
쪽에 잠시 쉴 수 있는 돌의자와 탁자가 마련되어 있다. **04** 자연스럽고 소박한 멋이 돋보이는 고택.

이태준 작가의 고택 수연산방

일제강점기에 단편소설 〈가마귀〉〈달밤〉〈복덕방〉을 쓴 작가 이태준의 집이다. '수연산방'이라는 이름에는 문인이 모이는 산속의 작은 집이라는 뜻이 담겨 있다. 현재는 그의 외종손녀가 찻집으로 운영하고 있다. 이곳은 외국인 관광객들에게도 유명하다. 한옥에 앉아서 한국의 전통이 담긴 다과를 즐기는 생경한 경험을 안기기 때문일 터. 그러므로 탐나는 자리에 앉으려면 조금 서둘러 방문하는 것이 좋다. 아담하고 정갈한 정원을 지나면 오른쪽에 기역(ㄱ)자 구조의 고택이 있다. 대청을 중심으로 왼쪽이 건넌방, 오른쪽이 안방 겸 사랑채다. 신발을 벗고 대청에 앉아 앞에 놓인 다과를 천천히 음미하며 집 안을 곳곳을 둘러본다. 잘 간직한 옛것의 흔적, 잔잔한 바람과 햇살, 새소리까지… 고단한 일상은 어느새 뒤로 물러나고 참된 여유가 찾아온다.

01, 03 수연산방임을 알리는 현판.
02 이태준 작가를 소개하는 표지석.
04 아담한 정원을 지나면 기역(ㄱ)자 형태의 고택이 나타난다.

만해 한용운의 위엄과 기품이 느껴지는 심우장

길상사에서 언덕 하나를 넘어 굽이굽이 굽이진 골목길을 따라 들어가면 심우장이 있다. 이곳은 독립운동가이자 고매한 승려이자 시인인 만해 한용운 선생이 1933년에 지은 집이다. 선생은 집을 지을 당시 남향에 위치한 조선총독부 건물을 바라보기 싫다는 이유로 북향으로 지어달라고 부탁했다고 한다. 집 안 곳곳은 소박하지만 위엄과 기품이 느껴진다. '소를 찾는다'는 뜻의 '심우'는 깨달음에 이르는 10단계를 말한다. 이곳에서는 누구나 쉬어 갈 수 있으며, 누구나 자신의 마음속을 들여다보고 깨달음을 얻을 수 있다. 툇마루에 앉아 하늘과 소나무를 본다. 같은 곳에 앉아 나라의 독립을 꿈꿨을 선생을 생각하니 마음이 숙연해진다.

01 심우장에서는 누구나 쉬면서 사색하고 깨달음을 얻을 수 있다. **02** 밥공기 하나도 선생의 성품처럼 정갈하다. **03** 현재는 만해의 사상 연구소로 사용하고 있다. **04** 소박하지만 선생의 위엄과 기품이 느껴지는 실내.

법정 스님의 '무소유' 정신이 깃든 길상사

서울에서 혼자 사색에 잠겨 산책하기 좋은 곳을 꼽으라면 이곳이 단연 으뜸이다. 삼각산 자락에 위치해 자연에 둘러싸인 길상사 경내를 걷다 보면 이곳이 서울이라는 생각이 들지 않는다. 길상사는 대원각의 옛 주인이던 고 김영한 여사가 전 재산을 법정 스님께 시주하며 생겨난 절로도 유명하다. 천재 시인 백석의 연인이기도 했던 그녀는 엄청난 규모의 요정인 대원각을 운영하며 수천억 원의 재물을 손에 쥔다. 하지만 사랑하는 사람과 함께할 수 없다는 공허감에 방황하던 중 법정 스님의 '무소유' 정신에 크게 감복해 자신이 가진 모든 것을 시주하고 세상을 떠난다.

01 고즈넉한 분위기의 길상사 입구. 02 법정 스님이 머물던 진영각으로 들어가는 문으로, 이 문을 들어서면 법정 스님의 흔적을 느낄 수 있다. 03 법정 스님에게 전 재산을 기부한 김영한 여사를 기리는 공덕비. 04 자연에 둘러싸여 있어 서울임을 잊게 되는 길상사의 산책길.

나만의 여행정보

042

길상사는 본래 요정이었던 터라 일반 사찰과 구조나 외향이 많이 다르다. 특히 정갈하게 꾸민 정원은 기존 사찰들의 운치를 뛰어넘는 강렬한 인상을 준다. 요정의 내밀했던 밀실은 누구나 참선할 수 있는 선방으로 바뀌었고, 음료를 마시는 공간도 불자들이 운영하고 있다. 법정 스님의 거처이던 진영각 앞에는 스님이 사용하던 낡고 초라한 의자가 그대로 놓여 있다. 스님이 말하던 무소유가 어떤 것인지 그 깊이를 미처 헤아릴 수는 없지만, 낡은 의자가 안기는 감상과 이곳 길상사에 얽힌 이야기는 설법보다 많은 것을 깨닫게 하는 힘이 있다. 아직 욕심 많은 한낱 중생으로 살고 있지만, 길상사에 갈 때면 혹시 내가 헛된 욕심에 사로잡혀 인생을 즐기고 있지 못한 것은 아닌지, 올바르게 살아가는 길은 무엇인지 사색에 잠기게 된다.

서울의 유일한 전통 양조장 삼해소주가의 간판.

주소 서울시 종로구 창덕궁길 142
전화번호 070-8202-9165
이용시간 매일 12:00~20:00(설·추석 연휴 휴업)
SITE samhaesoju.kr
찾아가는 길 안국역 2, 3번 출구로 나와 중앙고등학교 방향으로 직진

명인에게 배우는 전통주 체험
삼해소주가

프랑스에 와인이 있고, 일본에 사케가 있다면, 우리나라에는 세계 명주들과 견줘도 손색없는 전통주가 있다. 그중에서도 삼해주는 궁에서 행사나 의식을 치를 때 사용하고, 사대부 집안의 가양주로 전승되어온 서울의 대표적인 전통주다. 서울에서는 유일한 전통주 양조장인 삼해소주가에서는 서울시 무형문화재 제8호, 전통식품명인 제69호 김택상 명인이 오늘도 은은한 향이 일품인 삼해주를 빚는다.

가슴으로 느끼는 전통주

예부터 우리나라는 집집마다 가양주를 빚어 마셨다. 일제강점기에 가양주 문화를 없애고 주세법을 개정하는 등 식민정책의 영향으로 전통주가 많이 사라졌지만 그 명맥을 소중히 이어오는 사람들이 있다. 서울 북촌에 자리한 삼해소주가도 그중 하나다. 삼해주가 언제부터 만들어지기 시작한 것인지는 정확하게 알 수 없으나, 고려의 명문장가 이규보가 〈동국이상국집〉에서 삼해주의 뛰어난 맛을 언급한 바 있고, 그 밖의 여러 문헌을 보아도 고려시대부터 즐기던 것으로 짐작된다. 삼해주는 음력 정월 첫 해일 해시에 밑술을 담근 뒤 돌아오는 해일마다 세 번의 덧술을 쳐 저온에서 발효한다. 108일 동안 정성껏 발효한 삼해주는 알코올의 강한 맛보다는 쌀과 누룩의 구수하고 달콤한 맛이 난다. 꽃 향 같기도 과일 향 같기도 한 기분 좋은 향이 입 안과 코끝을 맴돈다. 삼해주는 대량생산하는 것이 아니라 명인이 일일이 수작업으로 빚는다. 따라서 쉽게 많은 양을 마실 수는 없는 술이다. 이런 삼해주를 맛보고, 전통주에 대해 좀 더 깊이 있게 알고 싶다면 시음이나 간단한 체험을 해보기를 권한다. 가격도 시간도 부담 없다. 각종 막걸리와 약주, 소주를 마셔볼 수 있는 시음은 1시간에 1만 원, 여기에 삼해귀주까지 맛볼 수 있는 스페셜 시음은 1시간에 2만 원이다. 술을 직접 빚어보고 싶다면 각종 술을 맛보고 이화주를 빚어볼 수 있는 프로그램(3시간, 8만 원)도 있다.

01, 03 2층에서는 삼해주뿐 아니라 다양한 술을 맛보면서 강의를 들을 수 있다. 02 삼해주를 만드는 데 사용되는 여러 가지 조리도구. 04 삼해주를 증류해 맑은 삼해소주를 만든다.

04

지금 가장 힙한 그곳
서울커피 익선점

사람들은 현재의 삶이 팍팍하고 힘들수록 옛날의 포근한 정서를 그리워한다. 최근에는 새로움(new)와 복고(retro)를 합친 신조어, '뉴트로(Newtro)'가 트렌드 키워드로 떠오르며, 1980년대의 감성이 사랑받고 있다. 요즘 사람들이 가장 동경하는 1980년대, 그 시절의 복고 감성을 고스란히 느낄 수 있는 종로구 익선동과 서울커피 익선점이 사랑받는 이유다.

주소 서울시 종로구 수표로28길 33-3
전화번호 02-6085-4890
이용시간 12:00~22:30
이용요금 아메리카노 5,000원, 비엔나커피 6,500원
SITE www.seoulcoffee.co.kr
찾아가는 길 종로3가역 6번 출구로 나와 익선동길을 따라 직진

카페 내부 깊숙한 곳까지 햇살이 잘 들도록 통유리 창을 낸 서울커피 익선점의 외관.

01, 02 카페의 내부, 다양한 형태의 좌석이 마련돼 있어 편하게 시간을 보낼 수 있다. **03** 노출 콘크리트와 각종 화초, 나무 등 자연 소재가 멋스러운 분위기를 연출한다. **04** 커피 외에도 다양한 디저트를 맛볼 수 있다.

01

낡은 것이 아닌 익숙한 것이 주는 편안함

서울커피 익선점에 가려면 먼저 익선동 골목에 들어서야 한다. 한국적인 것과 이색적인 볼거리가 조화를 이룬 익선동 골목은 발길 닿는 곳마다 새롭고 즐겁다. 정오가 가까울수록 익선동 골목은 많은 사람들로 발 디딜 틈이 없다. 특히 서울커피같이 유명한 곳은 순식간에 줄이 길게 늘어선다. 그런 복잡함마저 익선동만의 풍경이라고 좋아하는 사람들도 있겠지만, 나처럼 익선동과 서울커피를 조금이라도 한적하게 즐기고 싶은 사람들은 오전 11시 전에 서둘러 가보는 것이 좋다.

익선동은 개발의 손길이 아직 미치지 않은 곳이다. 골목 곳곳에 옛 한옥의 정취가 가득하다. '설마 이런 곳에 카페와 상점들이 있을까' 싶은 곳마저도 한옥을 그들의 시각에서 조금 개조하거나 다듬어 이색적인 분위기를 연출한 까닭에 익선동 특유의 멋스러움이 느껴진다. 서울커피도 그중 하나다. 1980년대의 아날로그 스타일을 지향하는 서울커피는 규모가 크진 않지만 소소하게 꾸며놓은 한옥 인테리어가 매력적이다. 내부는 조명을 최소화하는 대신 통유리창을 내 햇살이 실내의 구석진 곳까지 가득 들도록 한 것이 특징이다. 이 집의 가장 인기 있는 메뉴는 비엔나커피지만, 이 외에도 다양한 디저트가 준비되어 있기 때문에 기분에 따라 골라 먹기에 좋다.

이곳을 배경으로 찍은 사진이 SNS에서 화제를 모으면서 서울리즘은 서울에서 꼭 가봐야 할 명소가 되었다.

롯데월드타워를 마주한 루프톱 카페
서울리즘

석촌호수 동호 뒤편 송파동에는 맛집과 카페, 와인 바 등이 모인 송리단길이 있다. 그중 가장 유명한 곳이 바로 서울리즘이다. 롯데월드타워가 보이는 이곳 루프톱에서 찍은 사진은 여느 해외 명소에서 찍은 사진 못지않게 뭇사람의 부러움을 산다. 롯데월드타워 뒤로 펼쳐지는 푸르른 하늘과 저녁노을, 야경 등은 지친 마음을 위로하기에 더할 나위 없다.

주소 서울시 송파구 백제고분로 435
전화번호 02-412-0812
이용시간 일~목요일 11:00~23:00, 금~토요일 11:00~24:00
이용요금 아메리카노 7,000원, 라테 7,500원
SITE www.instagram.com/seoulism_official
찾아가는 길 송파나루역 1번 출구 앞

01

석촌호수 주변의 핫 플레이스

석촌호수는 서울 사람들에게 꽤 친숙한 산책길이다. 특히 벚꽃 시즌이면 이곳을 방문하는 인파가 어마어마한데 평소에는 동네 사람들이 산책하고, 연인들이 데이트하는 장소다. 아기자기한 호수 길이 변화를 맞은 건 롯데월드타워가 들어서면서부터인 듯하다. 이 지역의 유동인구가 늘면서 석촌호수 동호 뒤편으로 SNS 감성의 카페와 맛집, 와인 바 등이 들어서고, 데이트 핫 플레이스, 요즘 뜨는 장소 등으로 소문이 난 것.

이 중에서도 가장 핫한 곳이 바로 서울리즘이다. '이런 곳에 핫한 카페가 있을까' 싶은 조금은 삭막한 건물에 자리한 카페로, 이곳 루프톱에서 롯데월드타워를 배경으로 찍은 사진이 SNS에서 화제를 모으고 있다. 송파나루역 1번 출구에서 나오면 바로 앞에 있지만, 석촌호수를 산책하다가 슬슬 걸어가기에도 좋은 위치다.

서울리즘을 찾아야 할 이유중 하나는 루프톱이다. 하지만 공간이 협소하고 인기가 많아서 이 자리를 차지하기는 쉽지 않다. 그도 그럴 것이 이곳에서 바라보는 롯데월드타워를 배경으로 한 스카이라인은 그야말로 일품이다. 롯데월드타워 근처에 사는 나로서는 매일 보는 롯데월드타워에 무슨 감흥이 있겠나 싶었는데, 이곳에서 보는 롯데월드타워는 느낌이 확연히 달랐다. 주변에 높은 건물이 없어서인지 매끈한 자태로 우뚝 솟아 있는 타워가 유독 잘 보인다. 그러나 SNS에서 유명한 포토 스폿은 이곳이 아니다. 루프톱에서 한 층 더 올라가야 나오는데, 사람들이 줄 서서 촬영할 정도로 인기다. 롯데월드타워와 'SEOUL'이라는 글씨가 한 프레임에 담긴 사진은 이제 서울의 상징이 된 것 같다. 그 때문인지 이곳은 유독 외국인들이 많이 찾는다. 서둘러 '인증샷'을 찍은 후 다시 자리에 앉아 천천히 여유를 즐긴다. 넓은 실내에는 앤티크한 가구와 소품이 가득해 이것저것 구경하는 재미도 쏠쏠하다.

01 앤티크한 가구와 소품으로 꾸민 실내. **02** 소품이나 스타일링 등도 남달라 구경하는 재미가 쏠쏠하다. **03** 서울리즘을 상징하는 손글씨 로고.

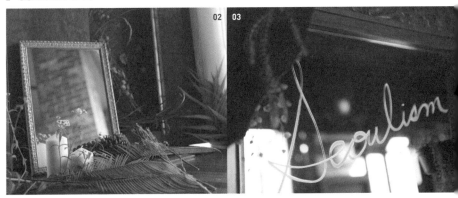

시간이 '순삭' 되는 불편한 책방
서울책보고

책이 빼곡히 꽂혀 있는 서가는 압도적이다. 종이와 잉크 냄새에
세월이 쌓여 만들어진 헌책 특유의 향기도 좋다. 대형 창고에 들
어선 헌책방, 서울책보고는 알면 알수록 재미있고 보물을 발견
하는 즐거움이 있는 신세계다. 이곳에 발을 들이면 시간 가는 줄
모르고 헌책의 매력에 빠져들게 된다.

주소 서울시 송파구 신천동 14
전화번호 02-6951-4979
이용시간 평일 10:30~20:30, 주말·공휴일 10:00~21:00(월요일 휴업)
SITE www.seoulbookbogo.kr
찾아가는 길 잠실나루역 1번 출구 앞

끝이 없는 긴 터널처럼 펼쳐지는 아치형 서가.

책을 기본으로 한 다양한 문화 프로그램을 만날 수 있는 공간.

헌책방의 추억과 마주하다

나는 한글을 꽤 일찍 뗐다. 그래서 대여섯 무렵부터는 혼자 책 읽는 걸 퍽 좋아했다. 맞벌이로 바쁜 중에도 집에 돌아오면 하루에 한두 시간이라도 꼭 책을 읽는 부모님의 영향이 컸다. 좀 크고 나서부터 내가 가장 좋아한 일은 한 달에 한 번 아빠와 함께 청계천 일대 헌책방에 가는 것이었다. 헌책방에 도착한 우리는 따로 떨어져 각자 읽을 책들을 골랐다. 아빠는 내게 어떤 책을 고르라고 강요하는 법이 없었기 때문에 내 마음에 드는 책을 신나게 고를 수 있었다. 마치 보물찾기를 하듯 말이다. 아빠의 오토바이 뒤에 그달에 읽을 책 수십 권을 쌓아 집으로 돌아오는 내내 무척 뿌듯했다. 그리고 집에 오면 시간 가는 줄 모르고 책 속에 빠져들었다. 다 읽고 난 책은 가지런히 두었다가 헌책방에 되팔고, 보고 싶은 책들을 골라 집에 오는 일은 당시 우리 집 월례 행사였다. 워낙 많은 책을 닥치는 대로 읽은 터라 지금은 이때 읽은 책들의 제목도 기억이 희미하지만, 이 시절에 읽었던 책과 수많은 글귀가 내 인생의 자양분이 된 것만은 확실하다. 중학교에 입학하면서 학교와 학원을 오가는 생활에 시달리느라 독서량이 줄고, 청계천 일대 헌책방들이 하나둘 사라지면서 이런 재미는 끝났지만, 지금도 그때가 떠오르면 입가에 미소가 퍼질 정도로 행복한 추억이다.

잊고 지내던 그 시절의 추억을 되살려준 곳이 바로 서울책보고다. 서울책보고는 도서관이나 서점이 아닌 공공 헌책방이다. 중고 서점과도 다른 형태다. 그 옛날 청계천 일대 헌책방들을 떠올리면 이해하기가 쉽다. 2019년 3월 개관할 당시에는 헌책방 25곳이 참여했는데, 현재(2019년 5월 기준)는 30곳이 입점해 있다. 보유한 책만 해도 수십만 권이다. 아주 오래된 고서적부터 시작해 현재 유행하고 있는 베스트셀러, 어린이 서적까지 책의 종류도 다양하다. 여기에 더해 독립 출판물과 명사의 기증 도서, 추억의 옛날 교과서와 잡지까지 그야말로 책이란 책은 다 있는 곳이다.

서울대 한상진 교수와 한양대 심영희 교수에게 기증받은 1만여 권의 도서.

보물을 찾는 발견의 기쁨

기존의 대형 서점 시스템에 익숙한 사람에게 서울책보고는 참 불편한 책방이다. 어떤 책을
보유하고 있는지 검색할 수 있지만, 그 책이 어디 있는지 찾기는 쉽지 않다. 옛날 헌책방 시
스템 그대로 가나다순 또는 장르별로 분류되어 있지 않기 때문이다. 그래서 어떤 책을 꼭 구
입해야겠다고 마음먹고 왔다면 그 책을 찾는 일은 엄청난 스트레스가 된다. 운 좋게 찾는 책
이 금세 눈에 띌 때도 있지만, 이는 정말 운에 맡겨야 하는 일이다. 어릴 적 헌책방깨나 다녀
본 나의 요령은 목표물을 정해두지 않는 것이다. 서가를 구경하다 보면 생각지도 못한 책들
을 만나게 된다. 발견의 기쁨, 이것이 바로 헌책방을 진정으로 즐길 수 있는 방법이다. 그래
서 나는 서울책보고에 가면 시간을 두고 여유롭게 둘러보기를 권한다. 헌책방마다 장서가
다르기 때문에 헌책방의 특징을 살피고 자신에게 맞는 서가를 찾아 보물찾기를 시작하는 것
이다. 이곳의 책들은 먼저 찾아내는 사람이 임자다. 옛날에 재미있게 읽은 책을 만나면 반
갑고, 읽고 싶은 책을 발견하면 기쁘다. 그렇게 서가를 돌고 나면 몇 권의 책이 손에 들려 있
다. 몇몇 책 외에는 가격도 부담 없다. 공간이 넓기 때문에 바닥에 앉아서 책을 펼쳐도 좋고,
한쪽에 마련된 북 카페에 앉아 잠시 책을 읽는 것도 즐겁다.

01 다양한 주제로 책과 관련한 전시가 열린다.
02 오래된 영문 성경 등 희귀한 책도 눈에 띈다.
03 책을 쌓아 만든 오브제.
04 헌책방별로 구분한 서가.

04

긴 터널 같은 헌책방들의 서가를 지나면 독립 출판물과 기증 도서들을 만날 수 있다. 독특한 시각과 아이디어로 출간한 독립 출판물과 서울대 한상진 교수, 한양대 심영희 교수에게 기증받은 1만여 권의 기증 도서는 서가에 있는 헌책과 달리 열람만 가능하다. 〈그때 그 책 보고〉 〈잡지전〉 등 책과 관련한 전시가 열리는 것도 이곳의 재미 중 하나다. 또한 책을 기반으로 한 공연이나 북 콘서트 등의 문화 프로그램도 다양하게 펼쳐진다.

나만의 여행정보

2층에서 내려다보이는 스튜디오 전경.

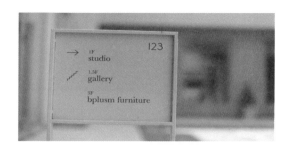

감성 충만한 복합 문화 상점
애오개123

폐가나 다름없던 신발 공장이 감성적인 복합 상가로 탈바꿈했다. 애오개123 이야기다. 공간 대여와 라이프스타일 관련 상품 판매까지 영역을 넓힌 요즘의 카페 트렌드를 반영한 행보다. 카페와 리빙 숍, 가구 쇼룸, 갤러리 등이 한데 있어 원하는 형태의 쉼이 가능한 이곳은 전에 없던 신개념 공간이다.

주소 서울시 마포구 마포대로16길 7-14
전화번호 02-336-7181
이용시간 13:00~20:00(월요일 휴업)
이용요금 아메리카노 5,500원, 카페라테 6,000원
SITE www.instagram.com/studio_123_
찾아가는 길 애오개역 4번 출구로 나와 걸어서 3분

오래된 신발 공장의 대반전

애오개123은 오랫동안 방치된 신발 공장을 가구 브랜드 비플러스엠 대표이자 가구 디자이너인 고혜림 대표가 애정 어린 손길로 리노베이션해 탄생한 복합 문화 공간이다. 이곳은 이름에서 짐작할 수 있듯 3개의 동으로 이루어져 있다. 1동은 디저트와 커피를 비롯한 음료를 판매하는 연남동 카페 포포크가 입점해 있고, 2동은 라탄 바구니와 수입 러그를 구입할 수 있는 보따리 상점과 꽃집 플라워샤워, 향수와 패브릭을 제작해 판매하는 홀리데이 테이블이 입점해 있다. 3동은 1층은 스튜디오 겸 카페로 이용하고 1.5층은 갤러리, 2층은 비플러스엠의 쇼룸이다.

이곳의 가장 큰 특징은 리사이클링 건물이라는 점이다. 3동의 1.5층 갤러리에서 볼 수 있는 건물의 탄생 스토리가 흥미롭다. 고혜림 대표는 콘텐츠로 가득 채울 공간을 찾고 있었다고 한다. 수많은 건물을 살펴보던 중 어딘가 을씨년스러운 한 폐공장을 만났는데 운명처럼 '이 곳이다'라는 확신이 들었다고. 건물이 워낙 낡고 상태가 좋지 않지만 철거부터 보강, 방수와 단열, 실내 인테리어까지 대대적인 수리 과정을 거쳐 지금의 애오개123을 완성했다. 그렇게 탄생한 공간은 나무와 돌, 콘크리트 등 재료의 물성을 그대로 살린 인테리어가 특징이다. 건물 외관과 3개 동을 잇는 가운데의 정원 같은 휴식 공간, 내부에서 이러한 노력의 흔적을 발견할 수 있다.

01 02 03

04

│ **01** 애오개123은 재료의 물성을 살린 미니멀한 인테리어 디자인이 눈길을 끈다. **02, 03** 3동의 쇼룸에서는 비플러스엠의 가
│ 구 뿐아니라 다양한 리빙 브랜드의 소품을 둘러볼 수 있다. **04** 애오개123에서 가장 먼저 만날 수 있는 1동 카페의 외관.

애오개123을 즐기는 방법은 다양하다. 카페에 왔다가 가구 쇼룸과 소품 숍을 둘러보기에도,
가구와 소품을 사러 나왔다가 카페에 들러 차를 마시며 잠시 여유를 즐기기에도 좋다. 카페에
서 주문을 하고 야외에 설치된 테이블에 앉아서 쉬거나, 대관이나 행사 일정이 없을 경우 쇼
룸에 들어가 자리를 잡을 수도 있다. 이렇게 자유롭게 공간을 활용할 수 있는 배려 덕분에 이
곳을 찾아오는 사람들은 저마다 자신이 바라는 형태로 휴식을 취한다.

나만의 여행정보

자연 그대로를 담다
서울식물원

지친 마음을 힐링하는 데 식물만큼 좋은 것도 없다. 서울식물원은 식물테라피를 온몸으로 느낄 수 있는 서울 속 거대한 정원이다. 구석구석 천천히 둘러보면서 식물의 상쾌한 기운을 받으면이 보다 더 좋은 휴식은 없다.

주소 서울시 강서구 마곡동로 161 서울식물원
전화번호 02-120
이용시간 3월~9월 09:30~18:00(17:00까지 입장),
11월~2월 09:30~17:00(16:00까지 입장), *열린숲과 호수원.
습지원은 24시간 무료 개방
이용요금 어른 5,000원, 청소년(13~18세) 3,000원, 어린이
(6~12세) 2,000원
SITE botanicpark.seoul.go.kr
찾아가는 길 마곡나루역 3, 4번 출구로 나오면 열린숲과 연결,
양천향교역 8번 출구로 나와 직진 후 좌회전하면 온실 입구

서울식물원을 찾아온 관람객을 반기는 현판.

시원하게 쏟아지는 물줄기 사이로 엄청난 크기의 열대식물들을 볼 수 있는 열대 존.

우리나라 첫 보타닉 공원

싱가포르를 여행하는 중에 가장 부러웠던 것은 아름다운 도시 경관이었다. 고민 없이 지은 건물이라고는 찾아볼 수 없을 정도로 디자인과 편의를 반영한 건축물, 도시 조경 등이 정말 아름다웠다. 그중에서도 무료로 개방하는 보타닉 가든과 콘셉트가 확실한 가든스바이더베이는 도심에 이렇게 멋진 식물원과 공원이 있다는 사실이 믿기지 않을 만큼 훌륭했다. 우리나라에도 도심 속 첫 보타닉 공원인 서울식물원이 개장했다. 열린숲과 주제원, 호수원, 습지원으로 나뉘는 서울식물원은 면적만 해도 축구장 70개 크기라고 한다.

마곡나루역에서 내려 연결된 광장에 들어서면 둘레숲 한가운데 있는 넓은 잔디마당을 만날 수 있다. 이곳은 서울식물원의 입구이자 방문자 안내 서비스를 제공하는 '열린숲'이다. '주제원'은 우리 자생식물로 전통 정원을 재현한 야외 '주제정원'과 열대와 지중해의 12개 도시를 대표하는 식물을 전시한 '온실'로 구성되어 있다. '호수원'은 호수 주변으로 산책로와 수변 관찰 덱을 조성한 공간이다. 호수 계단에 앉아 식물원을 조망하면서 휴식을 취하기에 좋다. 마지막으로 '습지원'은 서울식물원과 한강이 만나는 지점으로, 올림픽대로 위를 가로지르는 보행교가 있어 한강으로 바로 이어진다. 이 중 공원 구간인 열린숲과 호수원, 습지원은 24시간 무료로 개방한다.

01 현대적인 조형미가 돋보이는 온실의 외관.
02 12개국의 식물을 테마로 꾸민 온실.
03 이국적인 식물들을 만날 수 있는 지중해 존.
04 실내에 연못이 있을 정도로 규모가 크다.
05 2층 스카이워크에서는 온실을 다른
시각으로 구경할 수 있다.

01

근사한 온실 속 세계 식물 여행

서울식물원 중에서도 지중해와 열대기후 환경을 바탕으로 독특한 식물 문화를 발전시킨 세계 12개 도시의 정원을 테마로 한 온실이 꽤 볼만하다. 식물원 어디에서나 볼 수 있는, 유려한 곡선의 현대적인 조형미가 돋보이는 건물이 바로 온실이다. 온실은 열대와 지중해성 기후로 구역이 나뉘며, 12개국을 테마로 꾸며져 있다. 아마존에서 최초로 발견된 빅토리아수련, 호주 퀸즐랜드에 자생하는 호주물병나무, 스페인에서 들어온 올리브나무 등 국내에서 접하기 어려운 식물들을 볼 수 있다.

온실에 들어가면 바로 열대 존이 시작된다. 적도 근처의 열대 지역은 월평균 기온 18℃ 이상으로, 지구 생물종 절반이 분포한다. 시원하게 쏟아지는 물줄기 사이로 엄청나게 많은 열대 식물들이 어우러져 있는 장관은 마치 열대우림 사이에 들어온 것 같은 느낌을 준다. 열대 지역을 모두 지나면 지중해 지역이 나온다. 일조량이 풍부해 농작물이 잘 자라는 지역의 식물들을 만날 수 있다. 열대 지역과 지중해 지역을 오가며 이국적인 느낌의 다양한 식물 속을 걷고 있노라면 마치 비현실적인 경험을 하는 듯 낯설고 신기하다. 초록 식물들이 전해주는 싱그러운 에너지가 생각보다 대단하다. 엘리베이터나 계단을 통해 2층으로 이동하면 온실 전체를 한눈에 내려다볼 수 있는 스카이워크가 등장한다. 온실을 다른 시각에서 한 번 더 볼 수 있는 스카이워크를 걷다 보면 문득 영화 〈아바타〉의 배경 속으로 들어온 것 같다.

01 '정원사의 비밀의 방'을 콘셉트로 꾸민 공간.
02 곳곳에 테마가 있는 식물극장이 있어 보는 재미가 있다.
03 열대 존에 있는 이국적인 오브제.
04 가드너의 식물 공부 노트와 관련 자료.
05 아마존강에 서식하는 식물들을 최초로 조사한 리서치 캠프를 재현했다.

나만의 여행정보

후암동 뒷골목의 다닥다닥 붙은 집들 사이에서 빨간 대문과 문패가 이곳이 오방임을 알린다.

시간이 멈춘 듯한 게스트하우스

오방

깨끗하고 잘 정비된 숙소를 찾는 일은 어렵지 않다. 하지만 스토리가 담긴 의미 있는 숙소를 찾기는 결코 쉽지 않다. 그런 의미에서 오방은 아끼는 사람들에게만 비밀스럽게 알려주고 싶은 아지트 같은 공간이다. 시간이 멈춘 듯한 이곳에서는 번잡한 일상을 모두 잊고 온전히 나에게 집중할 수 있다.

주소 서울시 용산구 후암로5길 13
전화번호 010-9460-6230
이용시간 체크인 15:00, 체크아웃 11:00
찾아가는 길 남영역 1번 출구 또는 숙대입구역 5번 출구로 나와 02번 마을버스를 타고 후암동주민센터 앞 하차 후 걸어서 4분

01

01, 04 오방의 아기자기한 감각이
느껴지는 소품.
02 작은방 안쪽으로 담소를 나눌 수
있는 공간이 있다.
03 옛날 자개 서랍장이 오방의
아이덴티티를 보여준다.
05 컬러풀하고 한국적인 침구.

02

03

04

예스러움을 재현한 우리만의 공간

오방이 자리 잡은 후암동 뒷골목은 30년 이상 된 집들이 사이좋게 다닥다닥 붙어 있다. 이 골목에서 빨간 대문 집을 찾으면 그곳이 바로 오방이다. 30년 넘는 시간을 보낸 집의 벽은 조금 울퉁불퉁하지만 그대로 멋스럽고 정겹다. 작지만 마당과 옥상도 있다. 옥상에 돗자리를 깔고 누워서 서울의 하늘과 남산을 바라보면 이보다 더 낭만적일 수 있을까 싶다.

내부도 외관의 기조를 유지한다. 오방의 콘셉트를 한마디로 정리하자면 '코리안 빈티지'. 공간을 채운 오래된 가구와 주인이 직접 디자인해 제작한 가구, 여행하면서 모은 이국적이고 색감이 화려한 소품은 하나같이 예쁘고 감각적이다. 그 때문일까. 오방은 마치 친구가 정성껏 꾸민 우리만의 비밀 공간에 들어온 것처럼 아늑하고 편안하다.

05

나만의 여행정보

서울에서 가장 젊은 호텔

라이즈 오토그래프 컬렉션

호텔은 지금 여행자의 숙소라는 개념을 넘어 휴식과 레저, 지역의 문화를 활성화하는 복합 공간으로 탈바꿈하는 추세다. 이런 변화의 흐름을 명확하게 반영한 곳이 바로 라이즈 오토그래프 컬렉션이다. 이전에 경험할 수 없었던 라이즈만의 문화적인 영감은 고갈된 에너지를 채워주기에 충분하다.

주소 서울시 마포구 양화로 130
전화번호 02-330-7700
이용시간 체크인 15:00, 체크아웃 12:00
SITE www.rysehotel.com
찾아가는 길 홍대입구역 9번 출구로 나와 직진

밤이 되면 더욱 화려해지는 홍대문화를 즐기기에 좋은 루프톱 바 앤드 라운지.

감각적이고 차별화된 디자인 호텔

지친 심신을 회복하려면 안락한 휴식을 취하는 것도 좋지만, 때로는 색다른 자극을 주는 것이 좋다. 트렌디한 감각과 낭만으로 가득한 홍대 일대의 중심에 위치한 라이즈 오토그래프 컬렉션은 기존의 평범한 호텔과 다르다. 베를린의 소호 하우스를 설계한 세계적인 디자인 그룹 미켈리스 보이드가 인테리어 디자인을 맡아 전체적으로 빈티지 감성의 인더스트리얼 스타일을 표방한다. 로비부터 색다르다. '홍대를 위한 거실'을 표방한 로비는 모든 사람이 자유롭게 드나들 수 있도록 개방적이고 투명한 느낌으로 디자인했다. 그 대신 체크인 공간은 3층으로 올려 객실 이용객이 불편을 겪지 않도록 세심하게 배려했다. 총 여섯 가지 유형의 272개 객실은 유니크하게 디자인했으며, 복도 역시 층마다 각기 다른 아트워크로 장식했다. 감각적으로 디자인한 호텔은 어디에 카메라를 들이대도 만족스러운 결과물을 얻을 수 있을 정도로 포토제닉하다. '인증샷' 찍기를 좋아하는 요즘 사람들의 입맛에 딱 맞는다는 이야기다.

01

01 유니크하게 디자인한 호텔 객실.
02 1504호는 설치미술가 박여주 작가의 '트와일라잇 존' 시리즈로 꾸몄다.
03 호텔 4층에 있는 태국 레스토랑 롱침.
04 테라초 타일을 이용해 모던하게 꾸민 욕실.

젊음과 에너지가 넘치는 공간

홍대 일대 특유의 청년 문화와 예술을 기반으로 한 복합 문화 공간을 내세우는 라이즈 오토
그래프 컬렉션은 내재되어 있던 자유분방한 에너지를 끌어내주며, 지친 일상의 활력소가 된
다. 혁신적이고 실험적인 전시를 소개하는 아라리오 갤러리, 쇼핑의 재미를 느낄 수 있는 웍
스아웃 플래그십 스토어, 책이나 잡지를 읽을 수 있는 프린트 컬처 라운지, 운동과 휴식을
함께 할 수 있는 오픈형 피트니스 센터, 트렌디한 음악과 칵테일이 있는 루프톱 바 앤드 라운
지 등을 즐기다 보면 시간 가는 줄 모르고 호텔의 매력에 빠져든다.

나만의 여행정보

매일이 색다른 그곳
에스팩토리

에스팩토리는 버려진 폐공장을 복합 문화 공간으로 탈바꿈한 곳이다. 990㎡(300평) 규모의 이곳은 총 4개 동으로 지었는데, A동과 D동은 예술 공연과 전시회가 열리는 이벤트 홀로 사용한다. B동 1층은 마켓 플레이스, 라이프스타일 브랜드 숍, 디자이너 스튜디오, 액세서리 공방 등이 있고, 2층은 사무실과 라이프스타일 브랜드 숍이 있으며, 3층은 레스토랑, 카페, 루프톱 가든으로 구성되어 있다. C동에도 1층에 카페와 디자이너 스튜디오가 있다. 현재는 입점 브랜드가 많지는 않다. 그런데도 이곳이 유명한 것은 다양한 전시와 이벤트, 문화 예술 공연이 상시 열리기 때문. SNS에서 에스팩토리를 검색하면 다양한 홍보 게시물을 볼 수 있는데, 그중 관심 있는 행사가 열릴 때 방문할 것을 추천한다. 또한 아코핸즈 같은 디자이너 공방에서 원데이 클래스를 운영하기도 하므로 특별한 체험을 하고 싶을 때 방문하기에도 좋다.

01 바이커를 위한 가죽 패션 상품을 만드는 공방. **02, 04** 빈티지 감성의 인더스트리얼 무드를 표방하는 에스팩토리의 인테리어 콘셉트. **03** 도자기 공방 아코핸즈의 조형물. **05** 레스토랑이 있는 루프톱 가든.

주소 서울시 성동구 연무장15길 11 **전화번호** 1800-6310 **이용시간** 11:00~23:00 **SITE** www.sfactory.co.kr
찾아가는 길 성수역 3번 출구로 나와 KDB산업은행 건물 옆 골목으로 직진

04

05

시인의 흔적을 찾아서

윤동주문학관

윤동주문학관은 수도 가압장이 있던 자리에 세워졌다. 기와나 돌담을 쌓아 과거의 향수를 인위적으로 불러일으키지 않은 점이 오히려 더 마음을 울리고, 소박하게 지은 건물과 버려진 물탱크를 재활용한 부분은 시인에게 특별히 다가갈 수 있게 해준다. 폭압에 굴복해 무기력한 삶을 살아야 하는 시대에 세상과 자아 사이에서 고민하던 시인의 고단한 인생을 대변해주는 듯하다. 시인의 유품과 사진, 육필 원고와 서신 등을 모아놓은 전시관을 찬찬히 살펴본 후 두 번째 공간으로 넘어간다. 물탱크 천장을 뚫어 하늘을 볼 수 있게 만든 이 작은 마당은 마치 시 '자화상'에 등장하는 우물이자 땅에 묻힌 감옥처럼 느껴진다. 세 번째 공간은 마당을 지나 육중한 철문을 열면 나타나는 캄캄하고 축축한 방이다. 천장의 좁은 틈 사이로 한 줄기 빛이 들어오는 이 공간에서는 시인의 일생을 담은 영상을 보면서 시인과 마주할 수 있다.

01 물탱크 천장을 뚫어 만든 열린 우물. **02** 시인의 언덕으로 오르는 길. **03** 전시관의 소박한 외관. **04** 유품과 사진, 육필 원고와 서신 등을 전시한 내부.

주소 서울시 종로구 창의문로 119 **전화번호** 02-2148-4175 **이용시간** 10:00~18:00(월요일 휴무) **SITE** www.jfac. or.kr/site/main/content/yoondj01 **찾아가는 길** 경복궁역 3번 출구로 나와 1020번, 7022번, 7212번 버스를 타고 자하문 고개에서 하차

1hour

SEOUL

SEOUL

- [ ]
- [ ]
- [ ]
- [ ]
- [ ]
- [ ]
- [ ]
- [ ]
- [ ]
- [ ]
- [ ]
- [ ]
- [ ]
- [ ]
- [ ]
- [ ]

1hour

SEOUL

- [ ]
- [ ]
- [ ]
- [ ]
- [ ]
- [ ]
- [ ]
- [ ]
- [ ]
- [ ]
- [ ]
- [ ]
- [ ]
- [ ]
- [ ]

SEOUL

SEOUL
STATION

1hour

Seoul

2hours

Gyeonggi-do
Incheon

두 시간,
잠시 멈추고
돌아보는 시간

두 시간은 바다, 산, 또 다른 도시
어디든 가 닿을 수 있는 시간이다.
일상을 잠시 멈추고 나를 돌아보는 시간.
어디론가 떠나고 싶다면,
두 시간을 비울 용기만 있으면 충분하다.

* 소요시간은 편도 기준입니다.

규모와 분위기에 압도되다
더티트렁크

더티트렁크를 한마디로 정의하자면 '압도적인 규모'다. 미국의
창고를 개조한 것 같은 빈티지한 이곳은 일단 규모 면에서 기존
카페와 차원이 다르다. 600여 명을 수용할 수 있을 정도로 공간
이 넓은 데다 층고까지 높아 사람이 많아도 답답하지 않고 가슴
이 뻥 뚫리는 것 같은 시원함을 느낄 수 있다.

주소 경기도 파주시 지목로 114
전화번호 031-946-9283
이용시간 09:00~22:00
이용요금 아메리카노 4,000원, 솔티 캐러멜 6,000원
SITE www.instagram.com/dirty_trunk_korea
찾아가는 길 합정역 8번 출구로 나와 2200번 버스를 타고
문발동·아랫말 하차

압도적인 규모를 자랑하는 더티트렁크 내부.

01

미국 공장과 컨트리 하우스 콘셉트의 카페

언뜻 보면 창고나 공장처럼 보이는 외관이 독특하다. 내부 또한 미국의 공장이나 창고를 연
상시키는 투박한 인테리어가 인상적이다. 요즘 흔히 볼 수 있는 인더스트리얼 스타일이지만,
자세히 보면 공간을 분할해 각각 다른 콘셉트로 디자인했기 때문에 색달라 보인다. 공간마다
테이블부터 조명까지 다 다르게 꾸민 세심함이 돋보인다.

1층은 농부의 창고를 콘셉트로 여러 명이 앉을 수 있는 커다란 테이블과 바 중심으로 공간을 설계했다. 1층과 2층을 연결하는 계단에는 타임스스퀘어 앞 광장처럼 사람들이 자유롭게 앉을 수 있는 좌석을 마련해두었는데, 이곳이 가장 인기가 높아 서로 차지하려는 눈치 싸움이 치열하다. 2층으로 올라가면 또 다른 분위기가 펼쳐진다. 벽면 가득 책으로 채워져 있어 외국 대학교의 도서관을 연상시킨다. 안쪽에는 통유리로 된 창 옆으로 자리가 있다. 채광이 좋은 이 자리는 시끌벅적한 다른 자리와 달리 조용히 집중할 수 있는 매력적인 공간이다. 카페 더티트렁크는 볕 잘드는 낮에는 실내가 훤하지만 밤이 되면 어두컴컴해지는 이중적인 매력이 있어 낮과 밤 모두 즐기기에 부족함 없는 곳이다.

규모가 큰 만큼 자리는 여유있다. 사람들이 많아서 자리가 찬 듯 보이지만 중간중간 빈 좌석이 있기 때문에 주말이 아니라면 기다릴 일은 별로 없다. 사람들은 대부분 자리를 잡고 주문한 뒤 넓은 공간을 둘러보면서 인증 사진을 남기기에 여념이 없다. 가장 좋은 포토 존은 이 층 난간 앞으로, 독특한 창과 공중에 매달린 드럼통이 어우러진 배경이 워낙 이국적이라 어떻게 찍어도 예쁘게 나온다.

01 공장 같은 외관과 커피 팩토리라는 문구가 이곳의 콘셉트를 확실히 보여준다.
02 먹음직스러운 음식이 만들어지는 오픈형 키친.
03 대기 줄을 따라 길게 늘어선 베이커리 코너.

01 02

어떻게 즐겨도 좋은 올인원 플레이스

더티트렁크는 모든 것이 가능한 올인원 카페다. 맛있는 커피와 음료뿐 아니라 음료와 잘 어울리는 베이커리, 아메리칸 스타일의 다양한 음식 등을 맛볼 수 있다. 또 맥주를 한잔하기좋은 바도 마련되어 있어 마음 가는 대로 즐기면서 스트레스를 해소하기에 적당한 곳이다.

이곳은 들어서는 입구에서부터 빵 굽는 냄새가 솔솔 난다. 기분이 좋아지는 고소하고 달큰한 냄새다. 이 냄새를 맡은 이상 배가 불러도 빵을 맛보지 않을 수 없다. 매장 한쪽에서 직접 굽는지 빵이 계속 채워진다. 보기 좋은 떡이 맛도 좋다고 먹음직스러운 빵이 종류도 다양해 무얼 골라야 할지 행복한 고민을 하게 된다. 조각 케이크도 많은데, 먹기 아까울 정도로예쁜 모양새에 맛도 적당히 달콤해 우울했던 기분까지 밝게 만들어준다. 오픈형 키친에서는직원들이 브런치 메뉴를 만드느라 분주하다. 샐러드부터 클래식 브런치, 버거와 파스타까지주문할 수 있는 메뉴가 다양해 끼니를 해결하기에도 좋다.

조용한 카페에 앉아 책을 읽거나 사색에 잠기며 지친 심신을 쉬게 하는 것도 좋지만 이곳처럼 사람들이 붐비는 시끌벅적한 공간도 나름의 위안을 준다. 이런 공간을 즐기는 방법 중 하나는 멀찍이 떨어져 앉아 사람들을 구경하는 것. 끊임없이 대화하고 웃는 사람들을 보면 딱히 무얼 하지 않아도 살아 있다는 생동감과 활력을 얻을 수 있다.

01 와인과 맥주를 판매하는 바.
02 다락방처럼 꾸며놓은 2층의 한 공간.
03 농부의 창고같은 1층 입구.
04 여러 명이 동시에 앉을 수 있는
긴 테이블 좌석.

카트는 사방이 개방되어 있고 차체가 낮아 짜릿한 스피드를 즐길 수 있다.

운전하기 쉬워 남녀노소 누구나 쉽게 도전해볼 만하다.

해방감을 맛보는 짜릿한 스피드

파주 카트랜드

시원한 바람을 맞으면서 질주하면 스트레스와 우울한 기분까지
훌훌 날려버릴 수 있다. 이것이 바로 카트의 매력이다. 브레이크
와 액셀러레이터만으로 움직이는 카트는 남녀노소 누구나 다루기
쉽고 짜릿한 스피드를 맛볼 수 있다.

주소 경기도 파주시 탄현면 필승로 398-30
전화번호 031-944-9736
이용시간 평일 09:30~17:00, 주말·공휴일 09:30~18:30
이용요금 1인승 카트(10분) 20,000원, 2인승 카트(10분)
25,000원, 서바이벌 사격(30발) 8,000원
SITE www.kartland.modoo.at
찾아가는 길 합정역 8번 출구에서 2200번 버스를 타고 맛고
을입구에서 하차한 후 900번 버스로 환승해 오두산 통일동산
전망대에서 하차

카트를 타야 하는 이유

운동으로 땀을 내거나 평소에 할 수 없었던 다양한 체험을 해보는 것만큼 큰 해방감을 주는 행위도 없다. 그런 의미에서 짜릿한 스릴을 맛볼 수 있는 카트는 스트레스를 날려버리는 데 그만이다. 카트는 일반 차량을 축소한 미니 자동차로 조작하기 쉬워 누구나 운전면허 없이 간단히 체험할 수 있다. 평소 운전을 많이 하는 사람은 자신의 운전 습관을 되돌아볼 수 있으며, 운전을 전혀 하지 못하는 사람들도 운전 기술을 빠르게 습득할 수 있는 장점이 있다.

카트가 재미있는 이유는 기계의 성능을 온몸으로 직접 체감할 수 있기 때문이다. 프레임과 엔진, 시트, 휠, 타이어, 운전대로 구성된 카트는 구조가 간단하고 차체가 낮다. 이는 강렬한 속도감을 탑승자에게 그대로 전해주기에 좋은 구조. 가장 많이 타는 레저 카트의 최고 속도는 15~20km/h지만 사방이 개방되어 있고 차체가 낮아 체감 속도는 이보다 2~3배 빠르다. 바람을 온몸으로 가르며 달리는 기분을 한번 맛보면 그 매력에서 쉽게 빠져나올 수 없다. 움직임이 거의 없는 것 같지만 온몸의 근육을 모두 사용하는 스포츠이기 때문에 다이어트에도 좋다.

01

01 카트를 타면서 맞는 시원한 바람이 기분 좋은 해방감을 준다.
02 스피드디한 직선 코스와 코너링을 즐기는 에스(S)자 코스가 있다.
03 줄지어 서 있는 1인용 레저 카트.

바람을 가르며 스피드를 즐긴다

파주 카트랜드는 국내 최초의 서킷으로 총길이는 600m로 짧지만 강렬한 코스를 자랑한
다. 빠른 스피드와 코너링을 즐길 수 있는 에스(S)자 코스, 그리고 일반 도로와 달리 자유
롭게 달릴 수 있는 직선 코스 두 가지가 있다. 카트를 타기 전에 차량 조작 방법과 안전 관
련 교육을 간단히 받은 다음 헬멧을 쓰고 10분간 서킷을 달린다. 타기 전에는 10분의 시간
이 짧게 느껴지지만 막상 타보면 서킷을 10바퀴 돌 수 있을 만큼 넉넉히다. 운전은 어렵지
않다. 아무런 안전장치 없이 사방이 뚫려 있는 데다 노면과 너무 가까워 처음에는 무섭기
도 하지만, 서서히 액셀러레이터를 좀 더 세게 밟아 스피드를 즐길 정도로 여유가 생긴다.
앞에서 달리는 카트를 추월하고 싶다는 경쟁심이 꿈틀대기도 한다. 서킷의 노면은 좀 거친
편인데, 이것이 오히려 레이싱을 스릴 있게 만들어준다. 온몸을 스치는 바람이 상쾌하고,
머릿속까지 맑아지는 기분이 들며 짜릿한 전율이 온몸을 감싼다. 짧은 시간에 지친 심신에
생기를 채우고 싶다면 카트 만한 것이 없다.

카트 이외의 다양한 즐길 거리

10분의 카트 체험이 아쉽다면 서바이벌 사격을 즐겨도 좋다. 주차장에 있는 사격장에서 총알 30발로 목표물을 맞추거나 50발로 게임을 할 수도 있다. 카트가 질주하면서 짜릿한 속도감을 맛본다면 사격은 한 발 한 발 고도로 집중해 목표물을 맞추며 쾌감을 느낄 수 있다. 두 액티비티의 성격이 판이해 더 재미있다.

01, 03 레저 카트는 1인용과 2인용 두 종류가 있다.
02 카트와 다른 재미를 선사하는 서바이벌 사격.
04 탑승 전 조작 방법과 안전 관련 교육을 받는다.

파주 카트랜드가 소규모지만 인기가 많은 이유는 지리적으로 관광지와 가깝기 때문이다. 카트랜드는 통일공원과 주차장을 함께 쓰는데, 이곳에서 오두산 통일전망대로 올라가는 무료 셔틀버스를 탈 수 있다. 주차 시간과 상관없이 주차 요금이 동일하기 때문에 카트랜드에서 스피드를 즐긴 후 오두산 통일전망대에 올라 시간을 보내는 것도 좋다. 이 외에 자유로 자동차극장, 파주 출판도시, 아웃렛 등 주변 관광지를 둘러보는 맞춤 코스를 짜는 것도 나만의 여행을 즐기는 좋은 방법이다.

03 | 04

한국 최초의 한옥 성당

대한성공회 강화성당

조금만 걸어도 역사 공부를 할 수 있는 살아 숨 쉬는 역사 박물관 강화도에서도 대한성공회 강화성당은 특별하다. 우리나라의 일반 성당은 유럽풍 양식을 그대로 따라 지었지만 120여 년의 역사를 지닌 우리나라에서 가장 오래된 이곳은 특이하게도 한옥으로 지어졌다. 외관은 전통 한옥 양식이고 내부는 바실리카 양식으로 동서양의 건축이 만나 빚은 생경한 광경이 이곳에 대한 호기심을 불러일으킨다.

주소 인천시 강화군 강화읍 관청리 336
전화번호 032-934-6171
이용시간 10:00~18:00
찾아가는 길 서울역 버스정류장에서 M6117 버스를 타고 한강신도시 반도유보라2차아파트에서 하차, 한강로 사거리에서 96번 버스를 타고 강화슈퍼 하차 후 걸어서 6분

전통 한옥 양식으로 지은 대한성공회 강화성당의 외관.

시대를 반영한 건축물

강화도는 1883년 조선 최초로 개항한 제물포항에 이어 선교사가 들어온 지역이다. 선교사와 함께 서구의 근대 문화가 들어오면서 동서양의 문명이 충돌하고 조화를 이룬 끝에 현재의 이색적인 역사를 갖게 되었다. 대한성공회 강화성당도 이러한 시대의 흐름에 따라 지어진 건물이다. 1900년, 영국 성공회에서 파견한 신부들은 얼핏 보면 사찰이라고 여길 법한, 전형적인 한옥의 외형을 갖춘 성당을 짓는다. 이는 당시 영국 성공회의 선교 정신이던 '중도의 길'이라는 철학을 담은 것으로 볼 수 있다. 이 성당은 지붕 위 십자가와 내부를 보기 전까지는 성당이라고 예측하기 어렵다. 우리나라 전통 건축양식인 한옥으로 성당을 지어 강화도 토착민들에게 최대한 이질감 없이 스며들면서 서양 문화와 천주교를 보던 당시의 곱지 않은 시선을 피하는 방편이었으리라 짐작된다.

02 03 04

01 동서양의 양식이 오묘하게 조화를 이룬 성당 내부.
02 세월의 흔적을 간직한 성상.
03 소박하면서도 위엄 있는 제대.
04 성당의 소품 하나하나가 단아하면서도 성스러움이 느껴진다.

최고의 건축물을 완성하기 위한 정성

대한성공회 강화성당은 정면 4칸, 측면 10칸 규모의 2층 건물로 나무 골조를 세우고 벽돌을 쌓아 올린 기와집 형태다. 로마의 바실리카 양식을 본떠 지었지만 조선의 분위기가 더 강하다. 서양식 장식이 거의 없는 순수한 한식 목조건물이면서 지붕과 내부 구조도 조선시대 건축양식을 주로 따른 것이 특징이다.

성당을 지을 당시 비슷한 시기에 진행하던 경복궁 중건 공사의 영향으로 목재가 부족했는데, 사제가 직접 신의주에서 백두산 적송을 가져와 지었다. 경복궁 중건 공사의 책임자이던 도편수가 성당 건설에 참여하기도 했다. 성당 양옆과 앞뒤에 달린 문은 영국에서 제작해 운반했으며, 현재 수령이 120년쯤 된 보리수 두 그루는 당시 인도에서 들여와 심었을 정도로 성당을 짓는 데 들인 정성이 어마어마하다.

엄마 품처럼 따뜻한 곁을 내주는 성당

대한성공회 강화성당은 자리 잡은 곳이 섬이고, 교인 대부분이 어업에 종사하는 점을 고려해 배를 본떠 설계했다고 한다. 여기에는 세상을 구원하는 방주라는 의미를 분명히 하기 위한 목적도 담겨 있다. 예배 시간을 알리는 예배 종도 특별하다. 출입문과 본당 사이에 걸려 있는 종은 일반적인 예배 종이 아니라 절에 있는 범종과 비슷하다. 신발을 벗고 안으로 들어가면 또 한 번 놀라게 된다. 2층 규모지만 1, 2층 사이에 바닥이 없이 뚫린 상태라 층고가 상당히 높다. 또 기본적으로 한옥의 구조를 띠지만 2층에 창을 내고 천장에 샹들리에를 다는 등 서구 교회의 전통인 바실리카 양식의 특징을 볼 수 있다. 좌우 한 칸씩 두 칸은 회랑, 가운데 두 칸은 예배 공간으로 사용한다. 두 줄로 늘어선 기둥 사이에는 대한성공회 강화성당의 옛 모습을 담은 사진이 전시되어 있다.

이 성당은 120여 년 동안 우리나라의 근현대사를 함께해왔다. 일제강점기에는 일본에 1914년 영국에서 기증받은 예배 종과 계단 난간을 빼앗기는 수모를 당하기도 했다. 역사의 모진 풍파를 겪어낸 때문일까. 소박한 성당이 왠지 모르게 굳세고 강인해 보인다. 마치 우리네 어머니들처럼.

01 1900년 이후 취임한 주교들을 기념하는 비석.
02 디귿(ㄷ) 자 형태의 사제관.
03 불교에서 쓰이는 범종과 같은 형태의 예배종.
04 좌우 계단의 난간은 일본 성공회에서 뉘우치며 복원해준 것.

그래서인지 가톨릭 신자가 아니어도 이곳에서는 엄마 품에 안긴 듯 편안하고 따뜻하다. 고
지대에 위치한 덕분에 시야 또한 탁 트인다. 아래로는 용흥궁을 비롯한 마을이 내려다보이
고 위로는 하늘을 온전히 내 것으로 품을 수 있다. 지친 마음을 위로하는 곳, 언제라도 기댈
수 있는 곳이다.

나만의 여행정보

여러 동으로 나뉘어 있는 조양방직은 마치 커다란 앤티크 박물관 같다.

오래된 것들에 대한 관심
조양방직

요즘에는 시간을 되돌려놓은 듯한 물건과 소품으로 꾸민 카페나 음식점이 인기다. 젊은 세대에게는 새로운 것을 발견하는 즐거움을 안기고, 중·장년층에게는 향수를 불러일으키기 때문일 터. 이처럼 감성을 자극하고 세대를 넘어 공감할 수 있는 콘텐츠가 진정한 가치를 인정받고 있다. 조양방직도 그렇다. 이제는 멈춰선 방직공장이 지닌 이야기와 켜켜이 쌓인 세월의 흔적이 사람들에게 감동을 준다.

주소 인천시 강화군 강화읍 향나무길5번길 12
전화번호 0507-1307-2192
이용시간 11:00~21:00
이용요금 아메리카노 7,000원, 카페라떼 7,000원
SITE www.instagram.com/joyang_bangjik
찾아가는 길 서울역 버스정류장에서 M6117 버스를 타고 한강신도시 반도유보라2차아파트에서 하차, 한강로 사거리에서 96번 버스를 타고 여고입구 하차 후 걸어서 6분

우리나라 최초 방직공장의 부활

조양방직은 일제강점기에 민족자본으로 설립한 우리나라 최초의 방직공장으로 1950년대 말까지 강화의 경제 부흥을 이끌었던 곳이다. 이곳에서 생산한 인조견은 품질이 좋아 만주와 중국에 수출할 만큼 인기가 높았다. 하지만 직물 산업이 사양길을 걸으면서 1958년에 문을 닫은 뒤 내내 방치되었다가 1년간의 보수공사를 거쳐 2018년 7월에 갤러리 겸 카페로 오픈했다. 사실 이곳은 폐업 이후 60여 년 가까이 방치돼 흉물스럽고 을씨년스러웠다.

01 공장 근로자들을 싣고 달리던 통근 버스.
02 오래된 것들의 재발견.
03 방문객을 반기는 조형물.
04 문화 예술의 무대가 된 야외 공간.
05 옛 방직공장의 건물들을 그대로 사용했다.

강화 사람들에게는 수십 년간 먹고사는 문제를 해결해준 고마운 삶의 터전이었을 텐데 공장의 말로는 비참했다. 그런 공간이 빈티지 숍 '상신상회'를 운영하던 지금의 주인을 만나 되살아나기 시작 한 것이다.

빛바랜 철문을 들어서면 현대미술관에 온 듯한 착각에 빠지게 된다. 화장실로 쓰이던 건물 안에는 갤러리에 있을 법한 세련된 작품이 걸려 있고, 야외 공간은 문화와 예술의 무대가 된다. 옛 통근 버스와 공중전화 부스, 식당, 휴게실 등이 저마다 예술성을 뽐내며 설치미술 작품이 되어 있다. 메인 홀로 들어서면 가운데 통로 양쪽으로 길게 늘어선 테이블이 눈에 띈다. 이는 방직공장의 강판 작업대로 미싱이 놓여 있던 자리인데 지금은 방문객들이 서로 마주 보면서 담소를 나누고 차 한 잔의 여유를 즐기는 공간으로 탈바꿈했다. 카페의 한 쪽에는 '상신상회'라는 간판을 내건 별도의 전시관이 있다. 이곳에는 주인이 서울에서 운영하던 빈티지 숍의 앤티크 가구와 소품, 아이들이 좋아할 만한 놀이 기구 등이 가득해 이것저것 살펴보고 즐기다 보면 시간 가는 줄 모른다.

05

오래된 낡은 것을 대하는 자세

조양방직은 앤티크 소품이 가득한 갤러리다. 어느 한 곳 포토 존이 아닌 곳이 없을 만큼 소품 하나하나가 찍는 재미, 보는 재미를 선사한다. 하지만 그 안에 값비싼 물건은 하나도 없다. 고장 난 트랙터, 깨진 시멘트 벽, 낡은 탁자와 의자, 추억 속으로 사라진 공중전화 부스 등 예전에 우리 주변에서 흔히 볼 수 있었던 물건이 대부분이다. 이것들은 이곳에서 만들어진 당시 용도와 무관하게 다른 의미를 부여받는다. 정체를 알 수 없는 소품들은 탁자가 되었다가 멋진 구조물이 되기도 하고, 하나의 장식으로 쓰이다가 의자가 되어 사람들에게 쉴 자리를 내어주기도 한다. 이처럼 낡고 오래된 것들이 특별한 소품으로 거듭난 것은 세월의 흔적을 존중하는 태도 덕분이다. '세상에 쓸모없는 물건은 없다'는 주인의 믿음이 있었기에 버려진 공장과 가구, 소품들은 생명력을 유지할 수 있었다.

그 때문일까. 이곳에 있으면 좀 더 새로운 것, 좋은 것을 손에 넣기 위해 아등바등 살고 있는 내 모습이 초라하게 느껴진다. 모든 인간사가 이와 같다. 현재의 모습이 낡고 초라할지라도 시간이 지나면 오히려 그 가치를 인정받게 될 수도 있다. 힘든 현재가 언제까지 계속되리란 법도 없고, 지금 잘나간다고 고개를 뻣뻣이 세울 필요도 없다. 핫하다는 카페에서 차 한 잔 마시면서 잠시 쉬려고 했을 뿐인데 참 많은 깨달음을 얻게 된다.

01, 03 낡은 것들이 새로운 역할을 부여받아 조화롭게 어우러져 있다.
02 카페 한쪽에 마련된 상신상회 전시관.
04 상신상회 전시관 안쪽에는 아이들이 좋아할 만한 놀이 기구가 가득하다.
05 옛날 공장의 창고를 재현한 공간.

나만의 여행정보

쇼룸 그 이상의 가치

빌라 드 파넬

마치 어느 프라이빗 리조트에 온 듯 한적하고 고급스럽다. 이것이
빌라 드 파넬의 첫인상이다. 프랑스 대저택을 그대로 옮겨온 듯
호사스러운 인테리어와 가구 덕분에 눈이 즐겁고, 맛있는 음료와
빵에 입이 즐겁다. 쇼룸과 카페 사이의 정원에 놓인 아웃도어 가
구에 앉아 티타임을 즐기면 도심을 벗어난 홀가분한 기분과 여유
를 만끽할 수 있다.

주소 경기도 용인시 처인구 백암면 박곡로 192
전화번호 031-322-3983
이용시간 10:30~18:30(월요일 또는 대관 시 휴업)
이용요금 아메리카노 5,500원, 플랫 화이트 6,000원
SITE www.parnell.co.kr
찾아가는 길 서울역버스환승센터(5)에서 5005번 버스를 타
고 상미마을·신갈오거리에서 하차한 후 10번 버스로 환승해
백암터미널에서 하차, 시외버스 정류장에서 73-3번 버스를
타고 상촌에서 하차 후 걸어서 2분

모던하고 간결한 빌라 드 파넬의 외관.

무심한 듯 심플하게!

빌라 드 파넬에 처음 가게 된 것은 일 때문이었다. 화보 촬영을 위해 고급스러운 장소를 물색하던 중 가장 유력하게 물망에 오른 후보지가 바로 이곳, 빌라 드 파넬이었다. 바쁜 시간을 쪼개 서울에서 용인까지 현장 답사를 가야 한다는 것은 참으로 불만스러운 일이었다. 하지만 잔뜩 부은 얼굴로 툴툴거리며 이곳에 도착한 순간, 불만은 눈 녹듯 사라졌다. 환상적인 맛과 모양을 지닌 음료와 빵, 아름다운 자연은 쫓기듯 살아온 나에게 잠깐이나마 힐링의 시간을 선사했다. 그때부터였다. 쉼이 필요할 때면 빌라 드 파넬을 떠올리게 된 것은.

빌라 드 파넬의 콘셉트는 프렌치 모던이다. 기존 파넬의 여성적이고 고급스러운 프렌치 클래식 스타일을 좀 더 모던하게 재해석해 선보인다. 이는 건물의 외관에서부터 드러난다. 창고형 쇼룸 빌라 드 파넬은 크게 3개 동으로 나뉜다. 물류 창고를 중심으로 카페동이 이웃하고, 가운데 정원을 사이에 두고 전시동이 마주한다. 공들이지 않은 듯 심플한 건물의 외관은 군더더기가 없어 편안하고 세련된 느낌이다. 바쁜 현대인에게 통용되는 '미니멀리즘=쉼'이라는 공식을 지켜주는 모습이랄까.

01 아이 방을 콘셉트로 꾸민 쇼룸의 한 공간.
02 외국의 고급 리조트에 온 것 같은 느낌을 준다.
03 파넬의 감각으로 컬렉션한 리빙 소품도 만날 수 있다.
04 다양한 색이 조화를 이룬 감각적인 카페.
05 파넬 고유의 감각이 잘 드러나는 침대 헤드.
06 커다란 창으로 햇빛이 가득 쏟아져 들어온다.

파넬스러운 휴식에 반하다

내부는 우아하고 고급스럽다. 전체적인 인테리어 콘셉트는 외관과 다르지 않다. 장식을 배제하고 미니멀하게 꾸민 실내에서는 자체 제작 가구를 비롯해 몽티니, 트리뷰, 아난보 등 수입 가구와 벽지, 패브릭 브랜드의 제품을 만날 수 있다. 내부에서 다른 내부로 들어가는 듯한 글라스 하우스도 독특하다. 쇼룸을 돌아보고 있으면 마치 외국의 고급스러운 휴양지에 온 것처럼 마음이 설렌다.

요즘 사람들에게 집이 갖는 의미는 크다. 밖에서 받은 스트레스와 피로를 푸는 온전한 휴식이 가능한 곳, 그것이 요즘 사람들이 꿈꾸는 집이다. 빌라 드 파넬에서는 꿈꾸던 집과 그 안에서 누리는 완벽한 휴식을 체험하고, 이를 통해 머릿속에 그려온 이상적인 집을 현실로 구현할 아이디어를 얻을 수 있다.

카페동도 이국적으로 꾸며져 있다. 야자수 벽지를 배경으로 한 프런트 데스크는 마치 동남아시아 고급 리조트에 온 듯한 착각을 불러일으킨다. 공간이 널찍해서 다른 사람들의 방해를 받지 않고 온전히 휴식할 수 있다. 다양한 테이블과 의자를 배치한 공간은 곳곳의 느낌이

고급스러운 가구로 꾸민 쇼룸.

쇼룸 맞은편에 있는 카페

다르다. 그중 높은 층고에 편안하고 우아하게 꾸민 공간, 햇빛이 쏟아져 들어오는 창가, 안락하게 기댈 수 있는 의자에 앉아 차를 마시면서 책을 읽으면 두세 시간은 금세 지난다. 창 밖으로 펼쳐지는 정원과 저 멀리 산이 보이는 풍경도 자연 속에 있는 듯 평온한 느낌을 배가시킨다.

밖으로 나가서 풍경 속으로 들어가본다. 잘 가꾼 유럽식 정원에서는 실내와는 다른 느낌의 휴식이 가능하다. 잔디와 나무, 자갈, 물이 어우러진 정원은 정갈하고 운치 있다. 군데군데 앉아서 쉴 수 있는 벤치도 마련되어 있다. 아이들이 재잘대며 뛰어다니는 소리, 연인들이 '인증샷'을 남기며 낭만적인 데이트를 즐기는 모습도 예쁘게만 보인다. 조용하고 멋진 공간에 있다 보면 복잡한 머릿속과 마음이 한결 정리되는 기분이 든다.

나만의 여행정보

한쪽 벽 전면에 유리창을 설치해 밝고 따뜻한 분위기를 낸 실내.

한국적인 생활 소품을 만나는 편집매장

동춘상회

여행은 여러 형태로 즐길 수 있다. 그중에서도 '탕진잼'이 있는 쇼핑 여행은 중독성이 강하다. 나를 위한 특별한 선물, 가치 있는 제품을 구입하면 더할 나위 없이 만족스럽다. 쉼과 여유를 누리면서 쇼핑할 수 있는 동춘상회라면 기분 좋은 쇼핑 여행이 가능하다.

주소 경기도 용인시 기흥구 동백죽전대로 175번길 6
전화번호 080-500-0175
이용시간 10:30~21:00(월 1회 정기휴업)
SITE www.dongchoonmarket.com
찾아가는 길 서울역버스환승센터(5)에서 5000B번 버스를 타고 초당역에서 하차한 후 걸어서 5분

한국적 감성을 담은 뉴 플랫폼

사람마다 차이는 있겠지만, 보편적으로 스트레스를 푸는 가장 효과 빠른 방법은 쇼핑이다. 나를 위한 선물을 마련하는 것은 값을 떠나 자신을 사랑하는 기분을 준다. 하지만 요즘은 쇼핑도 어쩐지 일이 된 느낌이다. 인터넷과 SNS가 발달해서 좋은 점도 많지만 나쁜 점도 있다. 가장 불편한 점은 방대한 양의 정보가 쏟아진다는 것이다. 운동화 한 켤레만 검색해도 다양한 가격대의 제품이 쏟아진다. 그 안에서 진짜 좋은 물건을 찾기 쉽지 않은 데다 찾다 지쳐 쇼핑을 포기하는 경우도 부지기수다. '좋은 제품을 센스 있게 엄선해서 적당한 값에 파는 곳이 있으면 좋겠다'는 생각이 드는 것도 무리가 아니다. 볼거리, 즐길 거리, 쉴 거리가 가득한 복합 문화 공간 동춘 175에 입점해 있는 동춘상회는 이러한 바람을 이루어준 곳이다.

동춘상회는 한국인이 만든 생활 소품과 먹거리를 소개하는 편집매장이다. 동춘상회라는 이름은 세정그룹 박순호 회장이 1968년 처음 문을 연 의류 상점 '동춘상회'에서 따온 것으로 일반적인 상점을 뜻하는 '장사 상(商)' 자가 아니라 '서로 상(相)' 자를 쓴다.

지역사회나 소상공인, 작가들과 협업해 융합과 상생에 중점을 둔 비즈니스를 전개해나가겠다는 의지의 표현이다. 동춘상회가 자리한 용인의 로컬 디자이너 제품, 용인시와 공동으로 개발한 특산품, 비영리단체 '마켓움'과 협업해 발굴한 국내 소상공인, 신진 작가들의 제품 등을 판매하는 데서 그 의지를 확인할 수 있다. 요즘 소비자들에게는 가격 대비 마음의 만족을 추구하는 '가심비'가 중요하다. 스토리 없는 제품에는 지갑을 열지 않는다. 같은 제품을 쓰더라도 가치 있는 소비를 했다면 만족감은 더욱 크다. 동춘상회의 상생과 협업을 위한 노력은 소비자들에게도 소비의 만족감을 더해주는 바람직한 일이다.

01 아기자기한 보자기 장식.
02 건물 바깥의 조형물도 감각적이다.
03 한국적인 분위기를 연출한 동춘상회의 계산대.

매일 쓰고 싶은 물건, 매일 가고 싶은 곳

자기와 아이용품, 식품류, 테이블웨어, 패브릭, 가구 등 이곳에서 판매하는 67개 카테고리의 제품들은 전통의 가치를 보전하고자 애쓰는 명인과 명장의 작품이나 국내 신진 디자이너 브랜드의 제품이 대부분이다. 생활 소품뿐 아니라 특색 있는 프리미엄 식재료도 많아서 선물할 일이 있을 때 유용하다.

안지용 건축가가 한국적인 모던함을 표현한 동춘상회는 인테리어도 볼만하다. 안채와 사랑채 같은 독립된 구조물을 표현한 채, 시선을 가리는 역할을 하는 수직적 요소를 지닌 담, 넓게 트인 공간의 수평적 요소가 돋보이는 장이 조화를 이루고 있다. 한쪽에는 계단식 쉼터를 마련하고 동춘도서관을 구성해 쇼핑하다가 편히 쉴 수 있도록 배려한 것이 특징이다.

쇼핑이 아니어도 즐길 거리는 많다. 동춘상회가 있는 동춘 175 건물은 3개 층으로 나뉘어 있는데, 1층은 패션 아웃렛과 베이커리 & 카페, 2층은 입맛 따라 골라 먹는 푸드코트, 3층은 의류 아웃렛, 4층은 어린이를 위한 트램펄린 파크로 조성되어 있어 이곳에서 시간을 보내다 보면 하루가 짧다.

01 모던하고 간결한 외관.
02 한국적인 라이프스타일을 지향한다.
03 자기와 한국적인 오브제를 만날 수 있다.
04 아기자기한 소품류를 보는 재미도 쏠쏠하다.
05 '현대인이라면, 한국인이라면 잘 먹기'라는 콘셉트로 판매하는 쌀.
06 브랜드의 아이덴티티를 담은 오브제.

소나무 향 은은한 한옥 스테이

효종당

멀리 가지 않아도 도시를 벗어나 고즈넉한 한옥에 머무를 수 있
다는 것은 축복이다. 용인에 위치한 효종당이 그런 존재다. 도시
를 둘러싼 산자락에 운치 있게 자리 잡은 한옥, 효종당은 고층 빌
딩이 빽빽한 도시에서 만나는 오아시스다. 은은한 소나무 향이
온몸을 감싸는 객실에 누워 있으면 이곳이 도시라는 사실을 잊
게 된다.

주소 경기도 용인시 기흥구 동백8로113번길 64
전화번호 010-2898-9265
이용시간 체크인 15:00, 체크아웃 11:00
SITE www.hyojongdang.com
찾아가는 길 서울역버스환승센터(5)에서 5000B번 버스를
타고 동백중학교에서 하차한 후 걸어서 16분

산자락을 병풍 삼아 자리 잡은 효종당.

아파트 숲 사이에서 만나는 한옥

효종당은 서울 가까운 곳에서 만날 수 있는 한옥이라 더 반갑다. 서울에서 차로 한 시간여 만에 도착할 수 있고, 에버랜드에서 15분, 한국민속촌에서 20분 정도밖에 걸리지 않는다. 효종당이 위치한 용인 동백지구는 아파트 천지다. 이 아파트 숲을 헤치고 달려 터널을 지나면 딴 세상이 펼쳐진다. 일명 '토끼굴'이라고 불리는 터널이 판이한 두 세상을 연결해주는 듯한 묘한 느낌이 든다. 빽빽한 아파트 사이를 지나서 차 한 대가 간신히 통과할 수 있는 토끼굴 2개를 지나면 산자락에 숨은 비밀의 집이 나타난다.

01 02

집안 대대로 용인에 터를 잡고 살아온 효종당의 주인은 고향 마을이 아파트촌으로 바뀌는 것이 안타까워 귀향을 결심했다. 전통 한옥을 짓기 위해 전국의 한옥이란 한옥은 다 보러 다니고, 백두대간의 금강송을 옮겨왔다. 산림자원이 부족해 어려웠지만 그래도 우리나라 금강송으로만 짓기를 고집했다. 덕분에 이곳의 객실에서는 은은한 소나무 향이 난다.

01 아궁이에 장작을 때는 전통 온돌방.
02 전통 다구가 놓여 있는 객실.
03 마당 한쪽에는 수십여 개의 장독이 줄지어 있다.
04 규모가 꽤 큰 한옥임이 느껴지는 웅장한 안채.

01, 04 여기저기 놓인 소품에서 세월의 흔적이 엿보인다.
02, 03 전통의 멋이 느껴지는 소품들.
05 아담한 산 아래 한옥은 고즈넉하기 이를 데 없다.

어디서도 경험하지 못한 낭만적인 한옥의 밤

효종당은 수원 화성행궁을 복원한 대목수가 도편수를 맡아 전국의 장인들과 함께 지었다. 2000년에 나무를 구입해 건조했고, 2001년 2월에 상량식을 해 그해 12월에 입주했다. 가정집으로 10여 년을 사용하다가 많은 사람들에게 전통 한옥을 경험할 기회를 주고 싶어 6년 전부터 사랑채를 여행객에게 내어주기 시작했다.

안뜰에 들어서면 분명 아파트 숲을 지난 지 얼마 되지 않았는데도 어느 방향에서도 아파트가 보이지 않는 것이 참으로 신기하다. 장독 수십여 개가 조르르 늘어선 마당을 지나 안채로 향한다. 천장이 높아 탁 트인 느낌이 나는 건물은 규모가 꽤 크다. 손님들이 투숙할 수 있는 방은 세 곳인데, 객실에는 깔끔한 침구와 전통 다구가 준비되어 있다. 모두 아궁이에 장작을 땔 때는 전통 온돌방이지만 내부에 화장실이 있고, 온수도 사용할 수 있어 불편함이 없다. 객실에 가만히 누우면 들려오는 풍경 소리, 즐겁게 지저귀는 새소리에 마음이 편안해진다.

건물 뒤편에는 산이 있다. 왕복 한 시간 정도 걸리는 코스를 따라 뒷산을 산책해보는 것도 좋다. 뒷산에는 경기도기념물 제 215호인 '할미산성'이 있다. 신라시대에 축조한 성으로 한 노파가 하룻밤에 쌓았다는 전설이 있어 노고성, 할미성이라고 부른다.

효종당을 즐기는 또 다른 방법 중 하나는 매년 2월에 여는 전통 장 담그기 행사에 참여하는 것이다. 용인 백암에서 나는 햇콩과 국산 천일염으로 장을 담그는 이 행사는 매년 예약이 빠르게 마감될 정도로 인기가 좋다. 콩 한 말로 된장과 간장을 담가두었다가 가을이 되면 발효 기간을 거쳐 완성된 장을 받아간다. 주인은 사람들이 효종당에서 한옥을 경험하고 여러 전통문화를 체험할 수 있는 다양한 방법을 고민 중이라고 하니, 효종당의 변화가 기대된다.

나만의 여행정보

안정감 있고 우아한 목조건물로, 보물 제178호로 지정된 전등사 대웅보전.

역사가 숨 쉬는 곳에서 머물다

전등사

복잡한 머릿속을 비우고 나를 돌아보고 싶다면 전등사 템플스테이를 추천한다. 현존하는 우리나라에서 가장 오래된 절이자 국보 6종을 간직한 곳. 오랜 역사와 명성을 자랑하는 전등사에서 속세를 벗어나 번뇌 가득한 마음을 닦아보는 것은 어떨까. 세상을 밝히는 등불을 전한다는 이름처럼 이곳에서 보내는 하루 동안 길 잃은 마음을 위로받을 수 있다.

주소 인천시 강화군 길상면 전등사로 37-41
전화번호 032-937-0152
이용시간 하절기 08:00~18:30, 동절기 08:30~18:00
이용요금 어른 3,000원, 청소년 2,000원, 어린이 1,000원
SITE www.jeondeungsa.org
찾아가는 길 서울역버스환승센터에서 M6117번 버스를 타고 구래환승센터에서 하차한 후 70번 버스로 환승해 전등사 남문에서 하차, 걸어서 4분

고요한 산사, 마음이 쉬는 곳

여행할 때 사찰을 찾는 이유는 종교적인 의미를 떠나 역사가 담긴 곳에서 시대의 예술과 문화를 확인할 수 있기 때문이다. 사찰에서는 마음이 고요해지는 경험을 할 수 있다. 특히 오랜 세월 동안 자리를 지킨 대웅전과 이를 둘러싸고 있는 보호수들 앞에 서면 한없이 작아지는 나를 발견한다. 그곳이 현존하는 우리나라 사찰 중 가장 오랜 역사를 지닌 전등사라면 누구라도 절로 숙연해질 것이다.

전등사는 고구려 소수림왕 때인 381년에 창건했다고 전해진다. 하지만 몇 차례의 화재로 모두 소실되고 현재의 건물은 광해군 때인 1621년 재건했다. 이후 숙종 때에는 〈조선왕조실록〉을 보관하는 사찰로 위상을 높였으며, 대웅보전을 비롯해 약사전, 범종 등 국보 6종을 간직하고 있다. 보물 제178호로 지정된 대웅보전은 지붕의 곡선이 전통적인 한옥보다 크다. 그래서인지 양 끝 처마가 좀 더 하늘 높이 솟아 있는 모습이다. 대웅보전 앞에는 400여 년 된 느티나무가 시원한 그늘을 드리우고 있다. 나무 그늘 아래 조용히 앉아 고즈넉한 풍경을 바라보며 시름을 떨치기에 좋다.

01 약사전과 명부전.
02 풍경 소리가 마음을 정화해준다.
03 돌리면 소원을 이뤄준다는 윤장대.
04 산사의 시간을 체험할 수 있는 템플스테이.
05 전등사 앞마당을 600년 이상 지킨 은행나무.
06 수십여 개의 장독이 정갈하게 놓여 있다.

01 오랜 세월을 견뎌낸 대웅보전. 02 다과를 즐기며 한적하게 쉬기 좋은 죽림다원. 03 템플스테이 건물 입구. 04 현대적으로 지은 무설전에는 갤러리 서운이 있다. 05 부처님 오신 날 행사를 위해 준비한 연등. 06 마음까지 시원해지는 약수.

나를 찾는 힐링 여행

전등사에서는 고요한 산사에서 마음을 다스리는 템플스테이를 경험할 수 있다. 템플스테이는 마음속 깊은 곳에 있는 또 다른 나를 만날 수 있는 시간으로 보통의 여행과는 다르다. 수행자의 자세로 절에 머물며 사찰 문화를 체험한다. 우리나라에서 불교는 오랜 세월 동안 뿌리 깊은 문화로 이어져왔지만, 불교 신자가 아니라면 사찰에 묵으며 보내는 시간이 낯설 수밖에 없다. 하지만 조금만 시각을 바꾸면 참선하며 번잡한 마음을 가라앉히고 일상의 집착에서 벗어나 내면을 들여다볼 수 있는 좋은 기회다.

전등사는 유서 깊은 사찰답게 다양한 템플스테이 프로그램을 운영하고 있다. 보통 방을 배정받고 생활한복으로 갈아입은 뒤 사찰 예절을 배운다. 절 안에서는 모두가 수행자이기 때문에 만나는 사람마다 공경하는 마음을 담아 합장하며 인사하는 것을 중요시한다. 스님과 차를 마시며 담소하는 다담 시간과 참선을 통해 마음 비우는 법을 배울 수도 있다. 템플스테이의 하이라이트는 발우공양이다. 발우는 절에서 스님이 쓰는 밥그릇이다. 여기에 먹을 만큼 적당한 양을 덜어 밥 한 톨 남기지 않고 깨끗하게 비우는 것이 발우공양이다. 단순히 밥을 먹는 식사 예법을 배우는 것이 아니라 수행의 한 과정으로, 무소유와 깨달음의 지혜를 얻을 수 있다. 산사의 아침은 동트기 전부터 시작한다. 새벽 4시 30분에 예불을 올리는 것으로 아침을 열고, 여러 사람이 힘을 합해 일하는 울력을 통해 '일하지 않으면 먹지 않는다'는 진리를 배운다. 물론 한 번의 템플스테이로 큰 깨달음을 얻을 리는 만무하다. 하지만 나를 비우려는 시도만으로도 욕심을 덜어내고 나에게 한 걸음 더 다가갈 수 있다. 체험 프로그램은 변동이 있을 수 있으므로, 홈페이지에서 확인하고 자신에게 맞는 프로그램을 선택해서 예약하면 된다.

나만의 여행정보

SEOUL

SEOUL

SEOUL

SEOUL

SEOUL
STATION

1hour
Seoul

2hours
Gyeonggi-do
Incheon

3hours
Gangwon-do
Chungcheong-do

세 시간,
타인의 일상에
스며들다

여행은 낯선 곳에서 타인의
일상을 바라보는 일이다. 여행자에게는
타인의 일상이 마음을 사로잡는 동경의
대상이자 휴식이 된다. 타인의 일상을 통해
나의 삶을 되돌아보고 성찰하는 것.
이것이 여행이 주는 선물이다.

철길을 따라 시원하게 달리는 레일바이크.

철길을 달리는 낭만 자전거

가평레일파크

페달을 밟으며 경춘선 철로 위를 달린다. 시원한 바람을 맞으며 자연 속을 달리는 1시간 30분 동안, 가슴까지 상쾌해진다. 철길을 따라 펼쳐지는 아름다운 풍경에 눈이 즐겁다. 두 발로 페달을 밟으며 구불구불 오르락내리락 이어지는 철길을 달리면서 잊고 지낸 낭만적인 감성이 되살아난다.

주소 경기도 가평군 가평읍 장터길 14
전화번호 031-582-7788
이용시간 매일 09:00~17:00(6회 운행. 동절기에는 5회)
이용요금 2인 25,000원, 4인 35,000원
SITE www.gprailpark.com
찾아가는 길 서울역에서 1호선 소요산행을 타고 회기역에서 하차한 후 경춘선으로 환승해 가평역에서 하차, 1번 출구로 나와 33-6번 버스로 환승해 가평터미널에서 하차한 후 걸어서 8분

경춘선을 따라 달리는 힐링 여행

가평레일파크에서 출발하는 레일바이크는 경강역까지 갔다가 다시 원래 자리로 돌아오는 총 8km의 왕복 코스다. 계절마다 모습을 달리하는 느티나무 터널, 유유히 흐르는 북한강, 옛 간이역의 모습을 그대로 간직한 경강역 등을 만날 수 있어 달리는 내내 지루할 틈이 없다. 레일바이크를 타고 얼마 지나지 않아 높이 30m의 북한강 철교를 지난다. 수없이 봐온 북한강 인데 철교 위에서 내려다본 모습은 또 다른 느낌이다.

01

탁 트인 전망과 시원한 강바람에 가슴이 뻥 뚫린다. 그렇게 북한강을 지나면 이번에는 나무가 우거진 초록빛 풍경이 펼쳐진다. 나뭇잎 사이사이로 내리쬐는 햇볕이 콧등을 간질인다. 풍경에 취해 페달을 구르다 보면 어느새 목적지에 도착한다. 레일바이크는 총 1시간 30분 정도 소요된다. 혼자만의 시간을 갖기에도, 누군가와 함께하면서 속 깊은 이야기를 나누기에도 적당한 시간이다.

나만의 여행정보

01 가평레일파크 매표소. 홈페이지에서 운행표를 미리 확인하는 것이 좋다.
02 혼자만의 시간을 보내기에도, 여럿이 함께 즐기기에도 좋은 레일바이크.
03 철길을 따라 아름다운 풍경이 펼쳐져 지루할 틈이 없다.

시간이 멈춘 간이역

경강역

레일바이크를 달리다 힘에 부칠 때 즈음이면 경강역에 도착한다. 지금은 폐역이 되었지만 경강역은 서울 청량리를 출발한 기차들이 닿는 춘천의 첫 간이역이다. 한적한 분위기의 아담한 역사는 영화 〈편지〉에 등장해 유명해지면서 한때 많은 여행자들의 발길을 붙잡았다. 기차는 이제 서지 않지만 경강역은 예전 모습을 그대로 유지하고 있다. 철길을 따라 무성한 잡초만이 기차가 더 이상 지나지 않는다는 사실을 말해줄 뿐이다. 역사 안에는 승차권을 구입하던 대합실과 역무실을 개조한 휴게실이 있다. 휴게실에 들어서면 오래된 의자와 구식 화목 난로가 기차가 다니던 시절을 추억한다. 달라진 모습이 있다면 여행객들이 폐역이 된 것을 아쉬워하며 남긴 사연이 벽면 가득 붙어 있다는 것이다. 이제는 폐역이 되어 쓸쓸하지만 레일바이크를 타고 온 사람들로 역사는 이내 시끌벅적해진다. 문득 옛날이 그리운 날, 경강역으로 현재와 과거를 넘나드는 추억 여행을 떠나보자.

01, 04 경강 역사는 예전 모습 그대로 보존되어 있다. **02** 영화 〈편지〉의 배경이 되기도 해 많은 여행자들이 방문했다. **03** 일제강점기에 빨간색 벽돌 건물로 지어진 역사.

주소 강원도 춘천시 남산면 서백길 62-52 **찾아가는 길** 서울역에서 1호선 소요산행을 타고 청량리역에서 하차한 후 경춘선으로 환승해 굴방산역에서 하차, 1번 출구로 나와 걸어서 23분

03

04

따뜻한 조용함에 위로받다
죽림동 성당

춘천의 육림고개 언덕 위에는 오래된 성당이 도심을 굽어보고 있다. 오랜 세월 묵묵히 자리를 지키고 있는 죽림동 성당이다. 마음이 복잡하고 위로가 필요할 때면 사람들은 죽림동 성당을 찾는다. 지쳐 찾아온 사람들을 따뜻하게 보듬고 처진 어깨를 토닥이며 위로해주는 곳으로 혼자만의 여행을 떠나본다.

주소 강원도 춘천시 약사고개길 21
전화번호 033-254-2631
찾아가는 길 서울역에서 1호선 소요산행을 타고 회기역에서 하차한 후 경춘선으로 환승해 남춘천역에서 하차, 1번 출구로 나와 9-1번 버스로 환승해 약사명동주민센터에서 하차한 후 걸어서 5분

유럽풍 석조건물로 지어진 성당.

01

02

01 춘천 시내를 감싸 안은 듯한 예수상.
02 성당 정문을 등지고 바라본 풍경.
03 잠시 쉬기 좋은 회랑.
04 성당 뒤쪽 성직자 묘역으로 이어지는 길.

사색으로 이끄는 성당 산책

종교를 가지고 있지 않음에도 힘이 들거나 위로가 필요할 때는 안식처가 되어줄 곳을 찾게
된다. 조용히 혼자만의 시간을 보낼 수 있다면 그곳이 절이든, 성당이든 관계없다. 엄숙하고
품격 있는 석조건물, 기대고 싶은 커다란 고목, 고요한 앞마당이 있는 죽림동 성당 같은 곳이
면 더할 나위 없이 좋다.

1920년에 건립한 동내면 고은리의 공소가 모체인 죽림동 성당은 1928년 5월부터 지금까지
현재의 터를 지켜왔다. 처음에는 초가집을 개조해 조금은 허름하게 시작했지만, 1949년 4월
미군의 도움으로 지금의 모습을 가진 새로운 성당을 짓기 시작했다. 이후 6 · 25전쟁으로 공
사가 중단되었다가 1953년 미군과 교황청의 지원으로 완공해 1956년 성당 봉헌식을 거행했
다. 춘천 최초의 성당인 이곳은 근대건축유산문화재로 지정될 만큼 역사적 의미가 깊다.

돌을 쌓아 올려 만든 성당은 웅장한 외관부터 시선을 사로잡는다. 넓은 잔디밭 앞에 고즈넉
한 자태로 선 석조건물은 엄숙하고 고풍스러운 분위기가 난다. 건물 옆에는 성당의 지난 세
월을 다 알고 있는 듯한 아름드리 느티나무가 곁을 지키고 서 있다. 탁 트인 앞마당은 거닐며
산책하기에도 좋다. 성당에서 가장 인상적인 것은 입구 언덕에 세운 예수성심상이다. 춘천
시내와 저 멀리 북한 땅을 향해 팔을 넓게 펼치고 있는 예수의 모습은 인간의 모든 잘못과 슬
픔, 아픔과 고통을 다 감싸 안는 것 같아 감동적이다.

위로를 주는 침묵

죽림동 성당은 참 고요하다. 도심 속에서 홀로 이상하리만치 조용한 기운을 품은 채 우뚝 서 있다. 이곳의 우아한 침묵은 방문하는 이들을 따뜻하게 감싸주는 힘이 있다. 이는 성당의 아픈 역사 때문일 것이다. 6·25전쟁으로 건축이 중단되어 황폐한 이곳에서 성골롬반외방 선교 수녀회 소속 수녀들이 사람들을 돌보면서 먹을거리를 나눠 주기 시작했다. 그래서 예전에는 성당 병원, 수녀 병원으로 불리기도 했다.

전쟁은 성당에도 상처를 남겼다. 한쪽 벽이 무너지고 부속 건물이 대파됐다. 이뿐 아니라 토마스 교구장과 외국인 사제, 수녀, 목사 등 수백 명이 북으로 끌려갔으며, 이들 대부분이 강제수용소에서 숨을 거뒀다. 살아 돌아온 사람은 오랜 포로 생활을 견딘 토마스 신부와 조필립보 신부 둘뿐이었다.

01

01 주 출입구 아치에서 보이는 성당의 전경.
02 마음이 편해지는 성당 내부.
03 입구 옆 계단을 오르면 작은 전망대가 나온다.

6 · 25전쟁 전후 신자들을 돌보다 피살되거나 옥사한 순교자들을 모신 성당 뒤편의 성직자 묘역에서 당시의 아픔을 짐작해볼 수 있다.

죽림동 성당이 더욱 의미 있는 것은 6 · 25전쟁 당시 소실된 성당을 신도들이 힘을 합쳐 복원했기 때문이다. 시련을 이겨내고 굳건히 자리를 지키고 있는 성당의 한쪽에는 6 · 25전쟁 때 순교한 성직자들의 묘소가 자리하고 있다. 이런 값진 희생과 의지가 모여 지금의 성당이 있는 것이다. 성당은 아픔을 침묵으로 승화하며 사람들을 위로하고 있는지도 모른다.

나만의 여행정보

복원된 김유정 생가와 기념 전시관의 전경.

주소 강원도 춘천시 신동면 김유정로 1430-14
전화번호 033-261-4650
이용시간 하절기 09:00~18:00(월요일 폐장), 동절기 09:30~17:00(월요일 폐장)
이용요금 2,000원
SITE www.kimyoujeong.org
찾아가는 길 서울역에서 1호선 소요산행을 타고 청량리역에서 하차한 후 경춘선으로 환승해 김유정역에서
하차, 1번 출구로 나와 걸어서 9분

마음에 찾아온 봄
김유정문학촌

에너지와 아이디어가 고갈된 것 같을 때면 문학 여행을 떠난다. 소설 〈봄봄〉 〈동백꽃〉 등의 배경이 된 곳이자, 작가 김유정이 태어나고 자란 춘천의 실레마을만큼 문학 여행에 적당한 곳도 없다. 마을을 둘러보다 보면 작가나 소설 속 주인공과 마주하는 듯한 김유정문학촌은 감성과 낭만을 충전하기에 그만이다.

문학의 향기를 느끼다

김유정은 한국 근대문학을 대표하는 작가다. 29세의 나이로 짧은 생을 마감하기까지 〈봄봄〉
〈동백꽃〉〈소낙비〉 등 우리 문학을 꽃피우는 작품들을 선보였다. 그의 익살스러운 문장은 고
된 일상에 웃을 일 없던 사람들의 팍팍한 삶을 위로하는 존재였다. 그의 소설은 전통적 윤리
관을 탈피했다는 점에서 의미가 크다. 학생들이 반드시 읽어야 할 필수 도서 목록에 그의 작
품이 자주 등장하는 것은 이 때문이다.

그는 우리 문학사에서 빼놓을 수 없는 존재다. 때문에 그의 고향인 춘천에서는 그를 기리는
많은 문화 사업을 진행하고 있다. 그 가장 큰 성과는 김유정역과 김유정문학촌. 김유정역은
우리나라 최초로 지명이 아닌 사람의 이름을 붙인 역이다. 그의 업적을 기리기 위해 산남역
을 김유정역으로 이름을 바꾼 것. 김유정역을 나와 길을 걸으면 작가를 기리는 김유정문학
촌에 도착한다. 김유정문학촌은 소담한 가정집 규모로 시작했지만 대대적인 공사를 거쳐 마
을 형태로 규모가 확장됐다. 문학촌에서는 그의 문학 세계를 주제로 다양한 전시와 체험 행
사가 열려 문학의 향기에 흠뻑 빠져들 수 있다. 안쪽에서는 그의 조카와 제자들의 고증을 바
탕으로 복원한 생가를 둘러볼 수 있으며, 김유정기념전시관과 김유정이야기집에서는 그의
생애와 작품, 관련 유물들을 한눈에 볼 수 있다.

01 작가의 소설을 테마로 만든 작품으로 외벽을 장식했다.
02 소설 〈동백꽃〉의 일부를 발췌해 적어둔 표지판.
03 실레마을에 고즈넉하게 자리한 작가의 생가와 기념관.
04 소설 〈봄봄〉의 주인공들을 재현한 캐릭터 인형.

03

04

문학 여행을 즐기는 방법

김유정문학촌에서는 다양한 전통문화 체험이 가능하다. 한복으로 갈아입고 소설 속 주인공
이 되어 사진을 찍으며 과거로 시간 여행을 떠나보는 것도 의미 있다. 한복은 한복 체험방에
서 유료로 빌릴 수 있다. 이 외에 여러 공방에서 도자기, 염색, 민화 그리기를 간단하게 체험
해보는 것도 유익하다.

새를 형상화한 작품으로 관람객들을 반긴다.

나만의 여행정보

소설과 함께하는 감성 여행

춘천에서 태어나 자란 작가는 자신의 고향을 배경으로 소설을 쓰며 손에 잡힐 듯 생생하게 묘사했다. 그래서 김유정문학촌이 있는 실레마을은 문학 여행을 하기 좋은 곳이다. 작가를 알면 그의 작품도, 그를 기리는 문학촌도 더 깊이 이해할 수 있다. 작가는 비교적 안정적인 가정에서 태어났다고 한다. 어린 시절 어머니를 여의고 누나들 손에 자랐는데, 어머니에 대한 그리움을 달래기 위해 책을 읽고 글을 쓰기 시작했다. 어머니를 그리워하는 마음은 성인이 된 이후 여성에 대한 갈망으로 이어졌다. 짝사랑으로 인한 마음 앓이, 지병이던 폐결핵을 앓는 고통 등이 짧은 창작 시기 동안 30편에 가까운 작품을 써낸 원동력이 아니었을까.

그의 작품은 지극히 한국적인 정서가 가득하다. 문학촌은 이런 그의 작품을 닮아 있다. 볏짚을 한 줄 한 줄 엮은 이엉을 얹은 초가집은 그의 작품처럼 소박하고 정겨우며 곳곳에 놓인 소품들은 시대의 문장가를 키워낸 낭만이 녹아 있다. 문학촌에는 소설의 한 장면을 재현한 동상이 있다. 소설의 내용이 생각나 피식 웃음 짓게 되는 동상들을 보면 풍자와 해학을 흥미진진하게 그려낸 그가 새삼 대단하게 느껴진다. 그의 소설을 읽지 않았어도 괜찮다. 군데군데 소설의 문구를 발췌해 적어놓은 표지판들이 있어 읽는 재미가 쏠쏠하다. 문학촌을 다 돌아봤다고 해서 여행이 끝난 것은 아니다. 집에 돌아와 그의 소설을 꺼내 읽으며 두 번째 문학 여행을 시작한다.

01 도자기 공방에서 만든 작품이 곳곳에 전시되어 있다.
02 문학촌에는 도자기 공방, 염색 공방, 민화 공방 등이 있어 다양한 체험이 가능하다.

유럽 주택 같은 편안한 감성 카페
분덕스

여행지에서 받은 느낌을 고스란히 타인과 공감한다는 것은 즐거운 일이다. 유럽의 목가적인 주택에서 편안한 쉼을 경험한 이곳의 주인은 그곳에서 느낀 감정을 사람들과 공유하고 싶어 카페를 만들었다. 그 마음이 통한 것일까. 분덕스에 들어서는 순간 소박하고 평화로운 누군가의 집에 초대받은 기분이 든다. 따뜻하게 맞이해주는 친구의 집에서 쉬는 것 같은 편안함은 분덕스가 여행자들에게 주는 선물이다.

주소 강원도 춘천시 충효로 94
전화번호 0507-1301-5374
이용시간 평일 11:30~20:00, 주말 11:30~22:00(화요일 휴업)
이용요금 아메리카노 5,500원, 수제 소고기 파이 12,000원
SITE www.instagram.com/boon_docks__
찾아가는 길 서울역에서 1호선 소요산행을 타고 화기역에서 하차한 후 경춘선으로 환승해 강촌역에서 하차, 1번 출구로 나와 3번 버스로 환승해 정보화마을 하차, 걸어서 7분

초록 대문이 눈길을 끄는 삼각지붕 건물과 건물 옆 캐노피를 드리운 공간이 목가적인 분위기를 연출한다.

01 각종 식물과 초록색으로 자연미를 살린 실내.
02 유럽 주택의 부엌을 들여다보는 것 같은 느낌을 주는 공간.
03 장식 하나하나 세심하게 신경 쓴 주인의 감각이 돋보인다.

조용한 시골 마을의 카페

춘천과 홍천의 경계 지역 어느 조용한 시골 마을에는 유럽의 전원에서 봄 직한 초록 대문이 이색적인 주택이 있다. 멀리서도 눈에 띌 정도로 인상적인 이곳은 카페 분덕스다. 디자인 회사를 운영하던 두 친구가 합심해서 만든 카페로 세계 곳곳을 여행하면서 받은 영감을 바탕으로 인테리어를 완성한 것이 특징이다. 인테리어도 모두 주인의 손길을 거쳤다고 한다. 전기, 배선 등 자신들이 할 수 없는 전문적인 부분 외에는 모두 직접 작업해 어느 한 곳 두 사람의 애정이 담기지 않은 곳이 없다.

가장 인상적인 부분은 뭐니 뭐니 해도 초록색 대문. 너무 밝지도 어둡지도 않은 딥 그린 컬러는 사람의 마음을 편안하게 만드는 힘이 있다. 그 때문인지 카페를 오픈하자마자 SNS를 타고 '초록 대문 카페'로 소문이 나며 인기를 모으고 있다.

개성 있고 사랑스러운 공간에서 감성 충전

햇살이 잘 드는 집이다. 그래서 모든 것이 그림처럼 아름답고 한층 더 사랑스럽다. 복층 구조의 내부는 그리 넓지 않지만 천장이 무척 높아 아늑하면서도 시원스럽다. 목조주택의 따뜻한 분위기에 식물을 활용한 플랜테리어로 자연 친화적인 느낌을 더했다. 이곳을 찾아오는 사람들이 친구 집에 놀러 온 것 같은 기분이 들도록 가운데에 긴 다이닝 테이블을 배치한 것이 특징이다. 소품도 하나같이 주인의 추억이 담긴 것들이라 개성 있고 사랑스럽다. 원래 그 자리에 있었던 듯 공간에 자연스럽게 녹아든 소품과 나무의 옹이, 조명들이 분덕스만의 느낌을 오롯이 살려준다.

2층은 조금 더 아늑한 분위기다. 1층보다는 창문과 조명이 작아 전체적으로 어두운 데다 실내를 등지고 창가를 바라보고 앉는 좌석이 있어 누구도 의식하지 않고 혼자만의 시간을 보내기에 딱 좋다.

02 03

공간에 대한 상상

카페 분덕스는 아직 미완성이다. 주인들은 틈만 나면 뚝딱뚝딱 무언가를 만든다. 그렇게 카페의 마스코트인 귀여운 강아지 분덕이의 집이 만들어졌고, 건물 뒤편으로는 야외 테라스도 만들어지고 있다. 매일 조금씩 변하는 공간, 그래서 더 궁금하고 자꾸 가보고 싶다. 다음에 오면 과연 어떻게 변해 있을지 상상하는 재미도 있다.

분덕스 근처를 둘러보는 것도 좋다. 집이 띄엄띄엄 있고 논밭이 펼쳐진 전형적인 시골 마을이다. 길에도 지나는 차가 거의 없을 정도로 한적하다. 군이 멀리 가지 않아도 조용한 시골의 운치를 느끼며 산책하기에 좋다. 차를 끌고 왔다면 좀 더 멀리 나가보길 권한다. 근처에 비발디파크를 비롯해 즐길 거리, 볼거리가 꽤 있다.

01 커피콩이 담겨 있던 자루로 꾸민 울타리.
02 주인이 하나씩 모은 이국적인 소품.
03 조용하게 혼자만의 시간을 보내기 좋은 2층.
04 낭만적인 감성을 자극하는 창문.
05 카페의 마스코트 분덕이.

03

04

05

나만의 여행정보

알파카가 마음껏 뛰어놀며 사람들과 교감할 수 있는 알파카월드.

알파카와 교감하는 숲속 동물원

알파카월드

어릴 때부터 동물원에 가는 것을 좋아했다. 딱히 무언가 하지 않아도 동물들과 함께하는 시간이 무척 행복했던 것으로 기억한다. 요즘은 동물들에게 먹이도 주고 산책도 하며 함께 교감할 수 있는 체험형 테마파크도 많다. 알파카월드도 그중 하나다. 드넓은 숲속에서 알파카를 비롯해 많은 동물들과 교감하는 시간은 생각보다 훨씬 즐겁고 편안했으며, 오랫동안 기억에 남았다.

주소 강원도 홍천군 화촌면 풍천리 310
전화번호 1899-2250
이용시간 10:00~18:00(17:00 매표소와 알파카 사파리 기차 마감)
이용요금 입장권 15,000원, 알파카 사파리 기차 3,000원, 알파카와 힐링 산책 10,000원
SITE www.alpacaworld.co.kr
찾아가는 길 서울역에서 1호선 소요산행을 타고 청량리역에서 하차한 후 경춘선으로 환승해 남춘천역에서 하차, 1번 출구로 나와 3번 버스를 타고 알파카월드에서 하차

사람도 동물도 행복하다

동물과의 교감은 일상에 지친 사람들의 스트레스를 해소하고 마음의 안정을 가져다준다. 많은 사람이 동물을 가족으로 맞이하는 것만 봐도 알 수 있다. 각박한 세상을 살아가기에 동물과의 따뜻한 교감과 휴식이 필요한지도 모른다. 어쩌면 동물만큼 순수하게 나를 좋아해주는 존재도 드물 것이다. 그래서 동물원에 가면 마음이 편안해진다. 너무나도 순수한 다양한 동물들, 넉넉하게 품을 내어주는 자연과 함께 하는 시간은 무엇보다 행복하다.

알파카월드는 동물도 사람도 행복해지는 공간이다. 약 36만m²의 넓은 자연 속에서 희귀한 알파카를 비롯해 많은 동물을 만날 수 있는 것은 물론 마음껏 쓰다듬고 안아주며 따뜻한 체온을 나눌 수 있다. 이곳의 동물들은 이래도 되나 싶을 정도로 가까이 있다. 사람들이 동물들에게 최대한 친숙하게 가까이 갈 수 있도록 한 배려 덕분이다. 대신 동물들을 잘 관리하고 있기 때문에 안전 수칙만 잘 지키면 위험할 일은 없다.

01 알파카에게 먹이를 주며 교감할 수 있다.
02 선한 눈망울이 사랑스러운 알파카.
03 알파카를 방목하는 이국적인 풍경.

03

교감하고 소통하는 먹이 체험

알파카는 귀엽기 그지없는 동물이다. 선한 눈망울, 가늘고 긴 다리로 휘적휘적 다가오는 모습을 보면 심장이 멎을 만큼 귀엽다. 알파카월드에서는 알파카뿐 아니라 사슴, 당나귀, 토끼 등 다양한 동물에게 먹이 주는 체험을 할 수 있다. 먹이를 주면 주저 없이 다가와서 신나게 먹는 모습이 사랑스럽다. 다 먹고 나서도 더 달라는 듯 크고 맑은 눈을 껌벅이는데, 빈 손바닥을 보여주면 금세 알아차리고 다른 곳으로 시선을 돌린다.

01 사랑스러운 하트 연못.
02 동심을 불러일으키는 조형물.
03 동물원을 한 바퀴 도는 알파카 사파리 기차.
04 시간이 맞으면 아기 염소와 양들이
우유를 먹는 모습을 볼 수 있다.

02

01

03 04

진정한 힐링과 쉼

동물들에게 먹이 주는 체험을 할 수 있는 곳이 요즘 많이 생겼지만, 함께 산책할 수 있는 곳은 드물다. 이곳에서는 15분 동안 알파카와 함께 산책하는 프로그램을 운영하고 있다. 말귀를 알아듣지 못하는 동물이니 가자는 대로 가지 않거나 가다 멈추는 일도 있겠지만 그 덕분에 여유를 배우게 되니 그 또한 고마운 일이다.

넓은 동물원을 돌아다니다 보면 다리가 아프다. 그럴 땐 알파카 사파리 기차를 타는 것도 좋은 방법이다. 알파카 앞에 잠시 멈춰 서면 알파카가 자연스럽게 다가와 먹이를 먹고 기차가 지나갈 수 있도록 물러선다. 탔던 자리로 돌아오는 데 걸리는 시간은 5분 남짓이지만 힘들이지 않고도 동물원의 높은 곳까지 올라가볼 수 있으니 더없이 좋다. 잠시 쉴 수 있는 벤치와 해먹, 빈 백 소파도 있다. 흔들거리는 해먹에 누워 있으면 스르르 눈이 감긴다. 이보다 편한 휴식이 또 있을까.

나만의 여행정보

폐교를 개조한 작가의 창작 공간

마동창작마을

분명 그동안 기쁘고 좋은 일이 많았을 텐데 아이들의 웃음소리가
사라진 폐교는 말없이 고요하다. 흥망성쇠를 모두 겪고 쓸쓸히
버려졌던 폐교에 작가의 예술이 숨을 불어넣었다. 폐교에서 예술
창작 공간으로 변신한 마동창작마을은 예술적 감성을 충전할 여
행지로 제격이다.

주소 충북 청주시 상당구 문의면 마동리 83-2
전화번호 043-221-0793
이용시간 00:00~24:00
찾아가는 길 서울역에서 KTX를 타고 오송역에서 하차한
후 502번 버스로 환승해 회인에서 하차, 821번 버스로 환승
해 용곡 2리에서 하차한 후 택시 이동

버려진 폐교를 화가 이홍원 부부가 매입해 갤러리와 무인 카페로 운영 중이다.

01

01,03 정성껏 꾸미고 가꾼
작가의 손길이 곳곳에서 느껴진다.
02,04,06 곳곳에서 예술 작품을 볼 수
있는 이곳은 커다란 갤러리 같다.
05 말을 주제로 한 작품.

02

03

폐교로 떠나는 추억 여행

시골 마을에서 아이들의 웃음소리가 사라진 것이 어제오늘 일은 아니다. 젊은이들이 모두 도시로 떠나고 나이 든 사람들만 남은 마을에는 더 이상 아이들이 다닐 학교도 필요 없다. 쓸쓸히 버려진 것의 공허함만 남은 폐교들은 그렇게 세월 속에 사라져간다. 마동창작마을도 지금은 사용하지 않는 회서초등학교를 개조한 공간이다. 1992년 문 닫은 이곳을 화가 이홍원 부부가 매입해 개조한 뒤 갤러리와 무인 카페로 운영하고 있다.

학교는 그 자체만으로도 추억을 자극한다. 학창 시절 크고 넓게만 보였던 학교가 성인이 된후 찾아가니 한없이 작아 보이던 기억을 가진 사람이 많을 것이다. 신나게 뛰놀던 운동장과드르륵 소리를 내며 열리는 교실 문, 삐거덕거리는 나무 바닥, 무한한 가르침을 주시던 선생님과 재잘거리며 함께 웃던 친구들, 어릴 적 추억은 대부분 학교가 배경이 된다. 일부만 개조해 교정의 아름다움은 그대로 간직한 이곳에 발을 들인 순간부터 돌아보는 내내 행복했던유년 시절로 추억 여행을 떠날 수 있다.

학교에 들어서면 학교 옛터 기념비와 말 조각상이 반긴다. 말 조각상은 조선시대 군사들이이동 중 말에게 물과 먹이를 주며 잠시 쉬었다가 말을 갈아타고 가던 마장이 있었다는 마동리의 유래를 상징적으로 보여준다. 이 때문인지 갤러리 벽면이나 카페 입구 등에서도 말을주제로 한 작품을 심심치 않게 볼 수 있다. 이뿐 아니라 운동장 곳곳에 조각 작품이 있어 조각공원에 온 듯한 착각이 든다.

살아 숨 쉬는 창작 공간

운동장을 지나 안쪽으로 더 들어가면 무인 카페와 창작 갤러리, 게스트 룸이 나온다. 운동장은 물론이고 여기저기 예술혼이 느껴지는 작품이 가득해 마음이 설렌다. 작가의 손길로 곳곳을 아름답게 꾸민 이곳에서는 예술과 비예술의 경계가 모호하다. 대체 무엇이 작품이고 무엇이 생활용품인지 쉬 구분할 수 없다. 작가의 작업실로 쓰이는 건물은 입구부터 화려하다. 마동리의 예술공간답게 말을 주제로 한 색색의 벽화가 방문객을 반긴다. 작업실에서는 작가의 예술혼이 고스란히 느껴져 발소리도 쉽게 낼 수 없다. 조용히 작가의 방을 훔쳐보며, 그 안에서 창작의 고통과 마주했을 작가의 감정을 가늠해본다.

04

01 작가의 작품을 감상할 수 있는 갤러리.
02 작가의 작업실.
03 차를 마시며 잠시 쉴 수 있는 무인 카페.
04 운동장에는 다양한 주제의 조각 작품이 전시되어 있다.

옆 건물은 카페와 갤러리다. 카페를 지나 갤러리부터 살핀다. 독특한 화풍과 해학적인 내용
이 담긴 작가의 작품들이 눈과 마음을 즐겁게 한다. 그림에 대해서는 아는 바가 별로 없다.
하지만 글에 대해서만큼은 조금 안다고 자부한다. 쉽고 간결하게 쓴 글은 누구나 이해할 수
있는 좋은 글이다. 그림도 비슷하지 않을까. 문외한인 내가 굳이 애쓰지 않아도 나름의 의미
로 해석되는 것을 보면 작가의 그림은 뭔가 다른 것 같다. 한참 동안 작품을 구경하며 충만한
시간을 보내다가 카페로 들어가본다. 정돈되지 않은 듯 자연스러운 모습이 참 예쁘다. 후원
금을 내고 마음껏 차를 마시고 책도 보면서 오후의 햇살을 즐기노라니 행복감이 차오른다.

아날로그 감성이 흐르는 나무 공방
루모스랩

나무는 신기하다. 어떨 때는 거칠다가 또 어떨 때는 매끄럽다. 향기도 저마다 다르다. 가공하는 형태에 따라 느낌이 다르지만 늘 우리 가까이서 도움을 주는 존재다. 그 때문인지 '나무'라는 말만 들어도 마음이 편안해진다. 여행길에서 굳이 나무 공방을 찾은 이유다. 일일이 수작업으로 하나의 작품을 완성해내는 나무 공방에는 요즘 시대에 흔치 않은 아날로그 감성이 남아 있다.

주소 충북 청주시 상당구 대성로122번길 22
이용시간 10:30~20:00(일·월요일 휴업)
SITE www.instagram.com/lumos.lab
찾아가는 길 서울역에서 KTX를 타고 오송역에서 하차한 후 502번 버스로 환승해 도청에서 하차, 걸어서 7분

아날로그적 감성이 느껴지는 루모스랩의 전경.

나무가 전하는 자연의 온기

나뭇가지에 색도 결도 다른 나무 도마와 호루라기, 목걸이 등이 대롱대롱 걸려 있다. 수작업으로 만든 소품들이다. 어떤 나무가 어떤 사연으로 지금의 모습으로 만들어졌는지 문득 궁금해졌다.

안으로 들어가니 달력 보드와 시계, 선반, 클립 보드, 조명등, 명함꽂이 등 온갖 나무 소품이 즐비하다. 제품 디자인을 하던 한 청년이 꿈을 좇아 하던 일을 과감히 정리하고 고향 청주로 내려와 나무 공방을 차렸다. 대학 시절, 디자인해 완성품을 만드는 수업에서 유독 나무로 무언가를 만드는 것이 즐거웠다고 한다. 다른 소재에 비해 조형 과정은 단순하지만 성질과 무늬에 따라 매번 새로운 느낌이 나는 예측 불허의 재료 나무에 매력을 느꼈던 것. 지금도 형태나 무늬, 결에 맞춰 디자인을 달리한다. 그의 공방에 디자인이 같은 제품이 없는 이유다.

그는 매일 공방 한쪽의 작업실에서 열심히 무언가를 만든다. 자신의 작품이 가치를 인정받아 누군가에게 팔리는 것도 좋지만, 그에게는 나무를 만지는 일 자체가 중요하다. 나무 냄새와 나무에서 전해지는 온기가 기쁨을 주기 때문이다.

01

나만의 여행정보

01, 03 수작업으로 만든 작품들이 주인이 될 누군가를 기다린다.
02 나무가 좋아 나무로 만든 골동품도 수집한다.
04 실용성을 놓치지 않은 작품.
05 작품이 탄생하는 작업실.

수양개빛터널로 들어가는 입구.

별빛보다 반짝이는 단양의 밤

수양개빛터널

365일 꺼지지 않는 빛의 축제가 열리는 곳이 있다. 우리나라 최초로 빛을 테마로 조성한 수양개빛터널이다. 빛의 무지개와 몽환적인 빛 터널 등 밤하늘을 다채로운 색으로 물들이는 불빛과 영상은 아이는 물론 어른들까지 동심의 세계로 빠져들게 만든다. 이색적인 밤 여행지를 찾고 있다면 바로 이곳, 수양개빛터널을 첫손에 꼽을 만하다.

주소 충북 단양군 적성면 수양개유적로 390 수양개선사유물전시관
전화번호 043-421-5454
이용시간 하절기 14:00~23:00(월요일 휴업), 동절기 14:00~22:00(토요일은 23:00시까지, 월요일 휴업)
이용요금 어른·청소년(16세 이상) 9,000원, 어린이(4~15세) 6,000원
site www.ledtunnel.co.kr
찾아가는 길 서울역에서 1호선 소요산행을 타고 청량리역에서 하차한 후 ITX로 환승해 단양역에서 하차. 대교-음지마을행 버스로 환승해 심곡입구에서 하차한 후 걸어서 7분

태고의 숨결을 느끼다

수양개빛터널은 일제강점기에 지하 시설물로 건설한 이후 수십 년 동안 방치됐던 터널이다.
여기에 영상과 음향 시설, LED 미디어 파사드 등을 갖추어 복합 멀티미디어 공간으로 재탄
생시켰다.

빛터널의 코스는 선사유물전시관부터 시작하게 된다. 뜻하지 않은 선사 유물을 만날 기회가
처음에는 당혹스럽지만 보면 볼수록 유익하다. 이곳의 유물들은 1983년 충주댐을 건설하면
서 수몰 지구의 문화유적을 발굴할 당시 쏟아져 나온 것이다. 총 10회에 걸친 발굴에서 석기
시대 유물뿐 아니라 원삼국시대의 집터와 토기 등이 발견됐다. 이 덕분에 단양은 우리나라
선사 문화의 발상지로 인정받았고, 2006년 수양개선사유물전시관이 세워져 발굴된 유물을
관람할 수 있게 됐다.

01

01 끝이 보이지 않는 긴 터널.
02 불빛이 바뀔 때마다 세상이 바뀐다.
03 다양한 세계를 보여주는 LED 미디어 파사드.
04 몽환적인 분위기의 터널.

낭만적인 빛과 음악의 밤

선사유물전시관과 연결된 통로를 빠져나오면 수양개빛터널로 이어진다. 입구에서부터 화려한 조명과 음악이 눈과 귀를 사로잡는 이색적인 공간이다. 길이 200m, 폭 5m의 지하 터널은 교육, 문화, 예술, 자연 친화, 복합휴게 등 총 5개의 테마로 구성되어 있어 다채로운 볼거리를 자랑한다.

터널의 문을 열고 들어가 LED 조명으로 둘러싸인 다리를 건너면 빛과 소리가 어우러진 환상적인 꿈의 세계가 펼쳐진다. 홀린 듯 앞으로 나갈 때마다 꿈과 현실의 경계가 모호해진다. 터널 가득 매달린 수천 개의 전구가 색을 갈아입으면 터널 속 세상은 바뀌고 또 바뀐다. 이곳은 방문객들로 인산인해를 이루는 포토 스폿이지만, 이상하리만큼 점점 타인을 의식하지 않고 나와 불빛에만 온전히 집중하게 된다. 테마가 바뀔 때마다 마치 다른 시공간으로 이동한 듯한데 이것이 묘하게 낭만적인 기분에 젖게 한다.

01

단양에 펼쳐진 신세계

아름다운 터널을 빠져나오면 아쉬움이 남지만 이를 달래줄 하이라이트기 따로 있다. 5만 송이 LED 장미가 가득한 비밀의 정원이 펼쳐지는 것. 수양개빛터널은 밤과 낮의 구분 없이 항상 아름다운 곳이지만, 야외에 조성된 비밀 정원의 아름다움을 오롯이 만끽하려면 밤 시간에 방문하는 것이 좋다.

비밀의 정원은 밤이 되면 5만 송이 장미 일루미네이션이 일제히 불을 밝혀 화려함의 극치를 보여준다. 꽃밭처럼 꾸민 이 야외 정원은 너무나 아름다워 넋을 잃고 바라보게 되는데, 황홀한 기분에 취해 천천히 걸으면 마치 동화 속 세상으로 들어온 듯 설렌다. 사람들의 행렬에 밀려 터널을 물 흐르듯 지나왔다면, 이곳에서는 보다 자유롭게 관람할 수 있다. 곳곳에 예쁜 포토 존이 있어 사진을 찍으면서 시간을 보내기도 좋고, 쉼터와 벤치가 있어 편안히 앉아 혼자만의 시간을 갖기에도 그만이다.

단양은 수양개빛터널 외에도 볼거리가 많다. 남한강 위로 쭉 뻗어 나와 단양의 절경을 발아래 굽어볼 수 있는 만천하스카이워크에서는 짜릿한 즐거움을 느낄 수 있다. 나선형 길을 따라 정상에 오르는 구조로 360도 전망을 감상할 수 있으며, 높이에 따라 느낌이 달라지는 것도 신기한 경험이다. 해 질 녘에 카페 산에 가보는 것도 좋다. 노을에 물든 하늘과 패러글라이딩을 하며 그 속을 유유히 떠다니는 사람들을 보며 여행의 정취를 만끽할 수 있다.

01 환상적인 장미길.
02 가장 먼저 볼 수 있는 거대한 매머드 화석.
03 선사시대 유물이 전시된 수양개선사유물전시곤.

정성을 빚는 술도가
예술

술을 빚는 일은 세월을 빚는 일이다. 오랜 시간 공들여 발효한 술
이 하나의 예술 작품이 되는 것처럼 사람의 인생도 노력과 인내
가 합쳐져야 결실을 맺는다. 세월을 빚는 양온소 예술을 찾았다.
술 익는 냄새에 기분이 좋고, 아름다운 풍경에 마음이 편안하다.
이곳에서는 술과 함께 세월이 익는다.

주소 강원도 홍천군 내촌면 동창복골길 259-5
전화번호 033-435-1120
이용시간 10:00~17:00
이용요금 양온소 견학 10,000원, 양온소 견학 및 간단 체험 30,000원, 전통주
빚기 체험(당일) 50,000원, 전통주 빚기 체험(1박 2일) 120,000원 *프로그램에
참여하지 않아도 무료로 방문할 수 있다
site ye-sul.com
찾아가는 길 동서울종합터미널에서 홍천행 버스를 타고 홍천버스터미널에서
하차, 내촌 · 서석행 버스로 환승해 동창농협에서 하차한 후 걸어서 40분

10년 된 한옥을 개조해 만든 양온소.

01

예술을 빚는 양온소

사방을 둘러봐도 산밖에 보이지 않는 곳에 운치 있는 양온소가 있다. 백암산 골짜기에 터를 잡아 조용하고 아늑한 홍천의 전통 주조 '예술'이다. 백암산 자락의 맑은 물과 강원도 청정 지역의 쌀로 전통 술을 빚는 이곳은 지난 2008년, 10년 된 한옥을 개조해 만들었다. 예술은 '예로부터 내려온 술'의 약칭이기도 하고 단술을 뜻하는 '예'와 술이 합쳐진 이름이기도 하다. 또한 술 빚는 과정 자체가 하나의 작품이라는 의미를 담고 있다.

이곳을 운영하는 정희철 대표는 우리 술의 매력에 빠져 법학 교수직을 그만두고 홍천에 내려 와 전통주를 빚고 있다. 그에 따르면 온순하면서도 강직한 기운을 품은 우리 전통주는 마실 수록 마음이 부드러워지고 흥겨워지는 장점이 있다고. 이러한 전통주의 매력을 널리 알리기 위해 천연 누룩으로 술을 빚으며 전통주의 맛을 지키고 있다.

01 저온 창고에서 술이 익고 있다.
02, 03 예술 곳곳에는 소박한 소품들이 놓여 있다.

02 03

전통주 체험 프로그램

예술은 넓은 대지를 품은 10년 된 한옥을 개조해 만든 술 공방이다. 양온소로 사용하는 한옥은 술을 발효시키는 공간이다. 그 옆으로는 한옥과 분위기가 사뭇 다른 상반되는 둥근 형태의 멋진 건물이 있다. 약 265m²의 2층 건물인 이곳은 1층은 체험장, 2층은 식당과 홍보관으로 사용한다. 모든 체험과 강의는 이 건물에서 진행한다. 아래로는 누룩 체험관이 있으며, 체험관 앞쪽에는 맑은 물이 졸졸 흐르는 소리를 들으면서 나무 그늘 아래에서 쉴 수 있는 카페가 마련되어 있다. 위쪽으로는 두 동의 별채로 이루어진 게스트하우스가 있다.

예술에서 전통주를 널리 알리기 위해 '우리 술 문화 체험 교실'을 운영하고 있어 전통주를 맛보고 만들어볼 수 있다. 체험은 단계에 따라 총 네 가지 프로그램으로 운영하는데, 가장 단순한 단계인 첫 번째는 양온소 견학. 전통주의 역사와 양조 원리에 대한 설명을 들으며 예술에서 생산하고 있는 전통주를 시음하고 전통주 체험관, 누룩 체험관 등을 구경하는 순서로 진행된다. 두 번째는 양온소 견학 프로그램에 간단한 체험을 결합한 것으로 소주 내리기나 모주 만들기 중 한 가지를 체험할 수 있다. 세 번째는 당일 코스의 전통주 빚기. 서너 명이 한 조를 이루어 술을 빚고, 빚은 술은 예술의 발효실에서 발효하거나 투명한 페트병에 담아 집으로 가져가 발효하는 체험이다. 마지막 단계는 1박 2일 코스의 전통주 빚기다. 서너 명이 한

01 예술에서 만들어 판매하는 술. 02 체험관 2층에서는 전통술에 대한 강의와 행사를 진행한다. 03 맑은 술을 얻기 위해 증류하는 과정. 04 술과 관련된 소품들이 가득하다.

04

조를 이루어 술을 빚는 과정은 당일 코스와 동일한데, 공기 맑고 경치 좋은 이곳의 게스트하우스에서 하룻밤을 묵으면서 오붓한 시간을 보낼 수 있다는 점이 다르다. 프로그램은 모두 예약제로 진행한다.

체험 프로그램에 참여하지 않더라도 술을 좋아하는 사람이라면 누구나 이곳에서 즐거운 시간을 보낼 수 있다. 홍천을 오가는 길에 마음 편히 들러 좋은 날 마실 술이나 선물할 술 등을 구입하기에도 좋다.

나만의 여행정보

대문 밖으로 보이는 고풍스러운 사랑채.

대문을 열고 들어서면 펼쳐지는 아기자기한 마당에서는 흰 강아지가 손님을 반긴다.

고택에서의 하룻밤

고선재

시간이 멈춘 듯한 고택에서 묵는 경험은 특별하다. 그곳이 고선재라면 더더욱. 160년 된 한옥은 범상치 않은 자태를 드러낸 채 사람들을 맞는다. 뒤로는 300~400년 된 회나무와 향나무가 고택을 수호하고, 지붕 너머에서 들리는 새들의 지저귐이 귓가를 간질이며, 향나무 향이 코끝을 스친다. 이곳에서 경험하는 모든 것이 새롭고, 모든 것이 즐겁다.

주소 충북 청주시 상당구 남일면 윗고분터길 33-15
전화번호 010-5483-1991
SITE www.instagram.com/goeunrigotak
찾아가는 길 서울역에서 KTX를 타고 오송역에서 하차한 후 502번 버스로 환승해 석교동에서 하차, 211번 버스로 환승해 고은3리·윗고분터에서 하차한 후 걸어서 3분

세월을 품은 고택의 기품

이항희 가옥, 고은리 고택이라고도 불리는 고선재는 국가민속문화재 제133호로 지정된 문화재다. 사랑채와 행랑채 등은 20세기 중반에 지었지만 안채는 1861년에 지었으니 지나온 세월만 해도 160여 년에 이른다. 주변 풍광도 범상치 않다. 들어서는 길 어귀에는 500년 된 느티나무 가지가 마을을 수호하듯 뻗어 있고, 고택 뒤로는 300~400년 된 회나무와 향나무가 버티고 서서 고택의 기품을 더한다.

이런 문화재들은 보통 손으로 만지거나 들어가볼 수 없고 눈으로만 보게 되어 있는 경우가 많다. 그런데 이곳은 다르다. 안주인과 함께 차를 마시며 수다를 떨고, 며칠씩 묵으며 생활해볼 수도 있다. 고택이 스스럼없이 곁을 내어주니 이보다 더 영광스러운 일은 없을 듯하다.

01

01 낡았지만 잘 보존되어 있는 고택.
02 좁은 대문을 열고 들어서면 고택이 모습을 드러낸다.
03 불 피울 때 사용하던 풍로. 소품 하나 하나에서 세월이 느껴진다.
04 창으로 바깥 풍경을 감상할 수 있는 사랑채의 마루.

지극히 한국적인 것의 아름다움

대문 밖으로는 유리로 중창을 낸 한옥이 보인다. 이곳은 1930년대에 지어진 사랑채로 고선재의 동편에 자리한다. 대문을 열고 들어서면 기역(ㄱ) 자 형태의 안채와 으(__) 자 형태로 뻗은 행랑채가 보이며, 곳간채와 광채가 둘러싸고 있다. 이 중 게스트하우스로 쓰이는 공간은 행랑채다. 조심조심 발을 들였는데 허물없이 맞이해주는 안주인 덕에 금세 긴장이 풀린다. 안주인의 권유로 대청마루에 앉아 고택을 찬찬히 둘러본다. 툇마루와 안방에는 언뜻 보아도 세월의 흔적이 느껴지는 고가구가 가득하다. 마당에서는 하얗고 복슬복슬한 강아지가 손님을 반긴다. 이 모든 장면을 마음속에 고이 간직하고 싶을 만큼 고선재는 아름답다.

고택은 사실 외국인들에게 더 인기다. 교통이 좋지 않은 이곳을 잘도 찾아온다. 문화권이 달라도 아름답고 기품 있는 것을 알아보는 심미안은 모두 같은 모양이다. 한국의 전통을 경험하고 싶어서 왔다는 외국인들은 고택의 우아한 자태에 반하고 넉넉한 안주인의 인심에 감동한다.

01, 02 고선재 게스트룸의 내부. 고가구와 소품들이 가득하다.
03 사랑채 앞에 놓인 낡은 의자.
04 옛날식 부엌을 그대로 유지하고 있다.

나만의 여행정보

03

04

1hour

2hours

SEOUL

SEOUL

SEOUL

SEOUL

SEOUL STATION

1hour	2hours	3hours
Seoul	Gyeonggi-do Incheon	Gangwon-do Chungcheong-do

네 시간,
스스로에게
선물하는 치유

4hours

Jeolla-do

무심코 지나치던 것들이 감동으로
다가오는 순간, 여행의 매력 중 하나다.
당연하게 생각했던 내 삶의 모든 것을 다른
시각에서 바라보는 기회. 여행으로 지친 마음을
위로받고 새로운 시작을 준비할 수 있다.

* 소요시간은 편도 기준입니다.

넓고 천장이 높아 쾌적한 카페 미곡창고의 실내.

세월의 흔적이 문화가 되다

카페 미곡창고 SQUARE3.5

사람들에게 커피 한 잔은 큰 의미를 갖는다. 누군가에게는 휴식이고, 누군가에게는 각성이다. 지치고 힘들 때 마시는 커피 한 잔은 꽁꽁 언 마음을 따뜻하게 녹여준다. 군산의 카페 미곡창고는 삶에 지친 사람들에게 맛있는 커피 한 잔을 건넨다. 커피가 전하는 보편적 위로, 피곤을 씻어주는 가장 효과적인 방법이다.

주소 전북 군산시 구암3.1로 253
전화번호 063-465-3007
이용시간 10:00~22:00
이용요금 스페셜티 핸드드립 6,000원,
구암아메리카노 4,500원, 미곡아메리카노 5,000원.
SITE www.instagram.com/cafemigok
찾아가는 길 서울역에서 KTX를 타고 익산역에서 하차한 후 새마을호로 환승해 군산역에서 하차, 12번 버스로 환승해 구암현대아파트에서 하차한 후 걸어서 16분

01 02

자꾸 생각나는 커피 맛

카페 미곡창고는 농협 창고를 개조해 만든 로스팅 카페다. 수많은 창고형 카페 중에 이곳이
유난히 인기 있는 이유는 국내 바리스타 1세대이자 커피 감별사인 장동헌 대표가 로스팅한
커피를 맛볼 수 있기 때문이다. 커피에 대한 자부심은 각종 커피 어워드와 로스터스 챔피언
십에서 수상한 이력을 보여주는 상패와 신문 기사를 스크랩해놓은 액자가 말해준다. 여섯
가지 원두 중에서 입맛에 맞는 것을 선택하면 커피가 만들어진다. '커피가 거기서 거기 아닐
까'라는 생각에 분위기만 보고 카페를 선택해 방문하는 편이라면, 이곳의 커피는 선입견을
깨주기에 충분하다. 직접 로스팅한 원두를 핸드밀로 갈아서 커피를 만드는데, 원두가 갈리
면서 카페 가득 기분 좋은 향이 퍼진다. 1층에 로스팅 룸과 베이커리 룸, 2층에 스페셜티 커
피 학원이 자리 잡은 데는 그만한 이유가 있다.

이곳에서는 커피뿐 아니라 빵도 직접 만든다. 유기농 밀과 무항생제 달걀로 만드는 빵은 종
류도 다양하다. 맛있는 커피와 빵, 두 가지가 모두 있으니 더 이상 바랄 것이 없다.

01, 02 곳곳에서 커피에 대한 자부심이 느껴진다.
03, 04 아기자기한 소품과 벽화가 따뜻한 기운을 더한다.
05 비밀스러운 곳으로 들어가는 느낌을 주는 좁은 입구.

05

01, 02 아늑한 분위기의 2층.
03 2층으로 올라가는 계단.
04 다양한 작품이 전시되어 있는 갤러리 공간.

쌀 창고를 개조한 이색 카페

외관은 허름한 창고 그대로다. 건물 외벽의 농협 마크와 글씨가 이곳이 창고였음을 알린다. 입구를 들어서면 마치 비밀스러운 공간으로 들어가는 것 같은 좁은 통로가 나온다. 통로를 지나 카페 안으로 들어가면 확 트인 넓은 공간이 시선을 사로잡는다. 생각했던 것보다 규모가 훨씬 크다. 내부는 2개의 층으로 이루어져 있는데, 1층은 널찍하게 트여 있고, 2층은 양쪽으로 나뉘어 있다. 가운데 부분은 천장까지 뚫려 있어 개방감도 상당하다.

내부의 천장은 창고로 사용할 때의 것을 그대로 살렸다. 노출 콘크리트 벽과 에폭시 바닥, 나무 계단 등으로 군더더기 없는 스타일을 연출한 대신 아기자기한 소품을 채워 온기를 더했다. 1층의 가운데와 창가에는 커다란 테이블 좌석이 있어 여럿이 함께 와도 불편하지 않다. 창가 위 벽면에는 큰 스크린이 있다. 보통 미곡창고의 커피와 관련한 영상이나 고전영화를 틀어놓는데, 장면이 바뀔 때마다 카페의 분위기가 조금씩 달라지면서 운치를 더한다. 1층 한쪽에는 갤러리 공간도 마련되어 있다.

커피 한 잔의 여유

2층은 2개의 공간으로 나뉘어 있는데 입구 쪽에 있는 계단으로 올라가면 캘리그래피와 벽화가 예쁘게 그려진 공간이 나온다. 각각의 의미가 담긴 캘리그래피와 벽화는 노출 콘크리트로 마감된 조금은 차가울 수 있는 벽면에 따뜻한 기운을 더해준다. 난간을 향해 배치해둔 긴 테이블앞에 앉아 카페의 전경을 바라보며 커피를 마시는 것도 소소한 행복감을 안긴다. 화장실이 있는 쪽 계단으로 올라가는 2층은 더 넓다. 반대쪽 난간이 개방된 구조라면, 이쪽은 난간 높이가 시야를 가리기 딱 좋아 다른 사람의 시선을 의식하지 않고 편히 쉴 수 있다. 좌석도 안락한 소파로 되어 있어 포근하다. 넓은 창을 통해 바깥 풍경을 보는 재미도 있다.

나만의 여행정보

아련한 추억과 마주하다
초원사진관

누구에게나 기억에 남는 '인생 영화'가 있다. 가끔씩 다시 보고 싶은 영화, 시간이 흘러도 감동이 여전한 영화, 나에겐 〈8월의 크리스마스〉가 그렇다. 초원사진관에 꼭 가보고 싶었던 것도 그 때문이다. 내 마음속에 잔잔하게 스며든 영화의 감동을 다시 느끼고 싶었는지도 모른다. 초원사진관, 그곳에서 나의 과거를 만났다.

주소 전북 군산시 팔마로 211
전화번호 063-445-6879
이용시간 09:00~21:30(매월 첫째, 셋째 월요일 휴관)
찾아가는 길 서울 센트럴시티터미널에서 군산행 고속버스를 타고 군산고속버스터미널에서 하차한 후 걸어서 8분

〈8월의 크리스마스〉의 주인공 다림이의 차까지 재현해 전시해둔 초원사진관 외부.

영화에 쓰인 소품을 보며 영화의 감동을 다시 느낄 수 있다.

01

216

볼 때마다 새록새록 감동을 주는 인생 영화

학창 시절 영화평론반에서 활동할 정도로 영화를 즐겨 봤다. 하루에 비디오 한 편씩, 한 달에 영화관 나들이를 두 번씩 하면서 영화를 즐기던 때. 어릴 적 책에 파묻혀 지내던 나는 조금 크고 나서부터 관심사가 영화로 옮겨갔다. 책을 볼 때 그랬듯이 영화도 장르를 가리지 않고 마음 가는 대로 보는 편이었다. 그중 가장 기억에 남는, 열 번은 족히 본 나의 인생 영화가 바로 〈8월의 크리스마스〉다.

작은 동네에서 2대째 사진관을 운영하는 정원(한석규)는 시한부 인생을 살고 있다. 그는 죽음을 담담히 받아들이고 본업에 충실하며 하루하루를 살아간다. 그러던 중 주차단속원인 다림(심은하)을 만난다. 단속 사진을 인화하기 위해 매일 사진관에 들르는 다림을 보며 정원은 자신도 모르는 사이에 호감을 키운다. 정원의 일터이자 정원과 다림의 사랑이 싹튼 공간이 바로 초원사진관이다.

초원사진관은 원래 사진관이 아니라 차고였다. 영화 속 배경이 될 마땅한 장소를 찾지 못하던 제작진이 어렵사리 주인의 허락을 받아 영화 세트장으로 개조했다. 초원사진관이라는 이름은 주연배우인 한석규가 지은 것이다. 영화의 장면 대부분은 사진관과 그 주변에서 촬영했기 때문에 초원사진관에 가면 영화 속 장면들이 자연스레 머릿속에 그려진다.

01, 02 영화 속 장면들을 담은 액자를 전시해 영화를 추억할 수 있다.

영화의 감동을 재현하다

영화 촬영이 끝난 후 주인과 약속한 대로 사진관은 철거됐다. 하지만 후에 영화를 추억하는 많은 사람들의 성원으로 군산시에서 이곳에 초원사진관을 복원했다. 현재의 초원사진관은 영화 속에 등장한 사진관을 그대로 재현한 것이다. 낮은 건물과 낡은 간판, 미닫이문 등 1990년대를 그리는 향수를 자극한다.

문을 열고 사진관 안으로 들어서면 몇 평 되지 않는 실내에 영화에 등장한 사진기와 선풍기, 앨범 등이 고스란히 전시되어 있다. 소파도 그대로고, 사진을 찍는 장소도 그대로다. 마치 영화 속으로 들어온 느낌이 든다. 벽면에는 영화 속 장면들을 액자로 만들어 전시해놓았다. 어느 한 장면도 놓치고 싶지 않아 마음속에 꼭꼭 눌러 담아본다.

01 행인들이 볼 수 있게 창 밖으로 사진을 전시하던 사진관 모습을 그대로 재현했다.
02, 03 영화 속 주연배우들의 모습을 볼 수 있어 반갑다.

02 03

영화를 떠올리며 하나하나 살펴본다. '그래, 이런 장면도 있었구나' 하면서 피식 웃게 된다. 마치 주인공이 된 것처럼 의자에 앉아 사진도 남겨본다. 사진관 옆에는 '주차 질서'라고 적힌 차가 한 대 서 있다. 주차단속원이던 다림이 타고 다니던 자동차다.

이 영화는 열 손가락으로 꼽을 수 없을 만큼 많이 봤다. 하지만 20년이 지나도 그 감동은 사그라지지 않고, 오히려 볼 때마다 새롭다. 이 영화를 다시 봐야겠다고 다짐한다. 초원사진관에서의 추억 여행을 떠올리며…

나만의 여행정보

서학동 예술마을 거리 곳곳에는 예술가들의 작업실과 작품을 판매하는 매장을 만날 수 있다.

걷고 싶은 골목
서학동 예술마을

전주에는 맛있는 먹거리와 유명한 한옥마을 등이 있어 사람들의
발길이 끊이지 않는다. 하지만 전주의 많은 매력이 한옥마을로
묻히는 것은 아쉽다. 서학동 예술마을은 전주의 또 다른 매력을
보여주는 곳이다. 전주 특유의 옛 정취를 느낄 수 있는 것은 물론
예술가들의 감성도 엿볼 수 있는 이곳에서는 그냥 걷기만 해도 즐
겁다.

주소 전북 전주시 완산구 서학3길 85-3
SITE www.seohakro.com
찾아가는 길 서울역에서 KTX를 타고 전주역에서
하차한 후 전주역첫마중길 정류장으로 나와 1000번 버스로
환승, 서학예술촌에서 하차한 후 걸어서 2분

221

문화와 예술의 마을로 다시 태어난 서학동

전주 한옥마을에서 다리를 건너면 한옥마을과는 다른 매력을 지닌 곳이 나온다. 교사와 학생들이 많이 살아 한때 '선생촌'이라고 불리던 서학동이다. 서학동은 전주에서도 가장 낙후된 지역으로 꼽힌다. 상권이 몰락하면서 쇠퇴의 길을 걸었기 때문이다. 그런데 근래 이곳이 달라지고 있다. 10여 년 전 음악을 하고 글을 쓰는 부부가 터를 잡으면서 이후 화가, 도예가, 음악가, 사진가 등 예술인들이 둥지를 틀었다. 갤러리와 공방이 하나둘 들어서면서 전주를 대표하는 예술 마을로 부활한 것이다.

이곳은 누가 먼저랄 것 없이 예술인들이 자생적으로 자리를 잡았다는 점이 특징이다. 보통 예술인의 거리, 문화 마을이라고 해서 기대를 안고 가보면 상품 판매가 목적인 공방 몇 군데가 들어선 것이 고작인 곳들이 많은데 서학동 예술마을은 그렇지 않다. 주로 작가들의 작업 공간이 자리하고 있으며, 이곳에 상주하는 작가들의 작품만 취급하는 곳이 대부분이다. 또한 주민과 예술인이 인상적으로 조화를 이루며 문화 예술 창작 공간으로 거듭나고 있다.

01

01, 05 이희춘 화백의 작업실 겸 전시 공간인 선재미술관 내부와 외관.
02 위로의 메시지가 담긴 캘리그래피 작품.
03, 04 자수 작품을 감상할 수 있는 '이소—불란서 자수점'.

01 예술인들의 소박한 일상을 엿볼 수 있는 서학동 예술마을의 골목. 02 인문학 서적이 빼곡히 들어찬 '조지 오웰의 혜안'. 03 평소에는 개방하지 않고 주말만 카페로 운영하는 작업실 '적요 숨 쉬다'. 04, 05, 06, 07 예쁜 바느질 작품을 소개하는 '손바느질하는 삐나'.

일상이 예술이 되고, 예술이 일상이 되다

이곳은 굉장한 볼거리나 즐길 거리가 있는 화려한 관광지와는 다르다. 거리 곳곳에 예술인들의 소소한 삶이 배어나는 곳, 골목을 거닐며 문화와 예술의 향기에 흠뻑 빠져보는 것이 이곳을 여행하는 방법이다. 서학동 예술마을의 골목은 마치 거미줄처럼 얽혀 있는데, 곳곳에 천연 염색, 도예, 금속공예, 자수, 목공예 등 다양한 분야 작가들의 작업실들이 흩어져 있다. 따라서 길을 걷다 발견한 흥미로운 곳에 들어가 구경하다가 다시 길을 나서는 식의 느린 여행을 하기에 좋다. 편하게 둘러보다가 체험하고 싶거나 좀 더 세세하게 보고 싶으면 주저 없이 문을 두드려도 된다. 성인 2~3명이 지나갈 정도로 좁지도, 넓지도 않은 골목길을 걸으면서 정겨운 풍경들과 마주하다 보면 시간 가는 줄 모르고 이곳에 빠져들게 된다.

05 06 07

예술가들의 자발적 소통

처음으로 발길이 닿은 곳은 선재미술관이다. 이곳은 국내뿐 아니라 중국과 미국, 독일 등에서 활발하게 활동하는 이희춘 화백의 작업실 겸 전시 공간이다. 골목을 따라 이어지는 종이를 활용해 가방과 수납 바구니를 만드는 공방과 자수 공방, 바느질 공방, 인형 공방 등을 구경하느라 눈이 즐겁다. 무엇보다 반가운 점은 어느 작업실이나 방문하는 사람들을 물건을 구매하는 손님이 아니라 관람객으로 대해준다는 것이다. 작가들이 직접 작품을 소개하고, 마을을 안내하며 소통한다는 점이 특별하다.

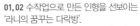

01, 02 수작업으로 만든 인형을 선보이는
'라니의 꿈꾸는 다락방'.
03 향수를 불러일으키는 옛 물건들이
가득한 '호이요'.
04 뽀로로 자전거를 입간판으로 활용한
센스가 돋보인다.
05 서학동 예술마을과 한옥마을을 잇는
전주천의 아름다운 풍경.

느리게 걷는 전주천변길

서학동 예술마을을 모두 돌아봤다면 근처의 전주천을 따라 산책하는 것도 좋다. 전주 시가지를 동서로 관통하는 전주천은 한옥마을과 서학동 예술마을 사이에 위치한다. 물길을 따라 꽃과 풀, 나무들이 무성한 천변길은 시골길을 걷는 착각이 들 만큼 아름답다. 강물도 맑아서 나도 모르게 '도시에 이렇게 물이 맑은 강이 흐르다니!' 하고 감탄할 정도다. 전주천을 걷다 보면 한옥마을과 서학동을 잇는 아치교인 남천교와 전주천을 한눈에 조망할 수 있는 청연루가 나온다. 특히 이곳 청연루는 해가 진 뒤의 풍광이 백미다. 밝은 조명으로 전주천을 밝히며 아름다운 야경을 뽐낸다.

나만의 여행정보

느리게 흐르는·시간 여행
경기전

한옥마을은 우리나라 곳곳에서 볼 수 있지만 전주의 한옥마을은
느낌이 사뭇 다르다. 도심 한가운데에 있어 집과 집 사이의 간격
이 좁고 처마가 서로 닿을 듯 빽빽하게 이어진다. 또한 일제강점
기에 구획 정리가 한창일 때 만들어져 길이 격자로 곧게 나 있다.
위에서 내려다보면 마치 블록으로 반듯하게 집을 지어놓은 것
같다. 이 한옥마을 중심에 위치한 경기전은 꼭 가봐야 할 문화유
산으로 손꼽힌다.

주소 전북 전주시 완산구 태조로 44
전화번호 063-287-1330(경기전 관광안내소)
이용시간 09:00~18:00, 하절기(6~8월) 09:00~20:00,
동절기(11~2월) 09:00~18:00
이용요금 어른 3,000원, 청소년·대학생·군인 2,000원,
어린이 1,000원
SITE tour.jeonju.go.kr
찾아가는 길 서울역에서 KTX를 타고 전주역에서 하차한
후 전주역첫마중길 정류장으로 나와 119번 버스로 환승,
전동성당·한옥마을에서 하차한 후 걸어서 3분

정전과 전각들이 즐비한 경기전.

전통의 멋과 향기가 흐른다

경기전은 한옥마을에서 가장 유명하고 볼거리가 많다. 한옥마을이 먹거리가 가득한 장터 같은 느낌이라면 경기전은 진정한 우리의 옛것을 만날 수 있는 곳이다. 정전을 비롯해 많은 건물이 잘 보존되어 고즈넉한 자태를 드러내고 있으며, 고목들이 잘 가꿔져 있어 산책하기에도 그만이다. 이 사실을 증명하듯 경기전은 유독 한복을 입고 사진을 찍는 사람들로 발 디딜 틈이 없다.

입구에는 '지차개하마 잡인무득입(至此皆下馬 雜人毋得入)'이라는 글귀가 새겨진 하마비가 있다. 이는 계급과 신분을 떠나 이 앞을 지날 때는 모두 말에서 내려야 하며 잡인의 출입을 금한다는 뜻으로, 이곳이 얼마나 중요한 곳인지를 알 수 있다. 또한 경기전은 '왕조가 일어난 경사스러운 터'라는 뜻을 가지고 있다. 경기전을 이렇게 소중하게 여기는 까닭은 조선왕조 500년의 유구한 역사와 시간을 묵묵히 증언하는 곳이기 때문이다. 보물 제1578호인 경기전 정전은 정면 세 칸, 측면 세 칸의 일자집으로 전면에 한 칸의 각을 덧대어 지은 정자각 형태다. 이곳에는 국보 제317호인 태조 어진이 있다. 어진은 임금의 초상화를 말하는 것으로 경기전은 태조 이성계의 어진을 봉안한 곳이라 의미와 위상이 남다르다.

01 전주 이씨의 시조인 이한과 그 부인의 위패를 모신 사당.
02, 04, 05 고즈넉한 경기전에서는 여유롭게 시간을 보내기 좋다.
03 옛 전주읍성의 남문인 풍남문. 여기에서 길을 건너면 전동성당과 경기전이 있는 한옥마을이 시작된다.
06 태조 이성계의 어진을 봉안한 곳.

경기전이 중대한 역사적 의의를 갖는 또 다른 이유는 〈조선왕조실록〉을 보존하던 전주사고
가 있기 때문이다. 우리나라는 고려시대부터 사관을 두어 시정을 기록했으며, 전왕 시대의
역사를 편찬해 실록이라 명명하고 특별히 설치한 사고에 봉안했다. 임진왜란 당시 전국 곳
곳의 사고에 보관된 실록 중 몇몇은 불타 없어졌는데, 전주사고에 있던 〈조선왕조실록〉은
유생들이 품고 1년간 도망을 다니며 지켜냈다.

꼭 가봐야 할 볼거리 많은 곳

경기전 경내에는 조선 예종의 태를 묻어둔 태실과 그것을 기념하는 비석, 〈조선왕조실록〉을 보관하던 전주사고, 전주 이씨의 시조인 이한과 그 부인의 위패를 모신 조경묘 등이 있다. 입구에 들어서면 홍살문이 나오고 정전으로 이어진다. 정전 옆으로는 수복청과 수문장청, 마청, 동재, 서재, 어정, 제기고, 전사청, 용실, 조과청 등 수많은 부속 건물이 있고, 그 앞에는 건물 이름과 어떤 일을 하는 곳인지를 설명하는 안내판이 있어 하나씩 읽으면서 구경하는 재미가 있다. 그렇게 지나다 보면 어진박물관이 나온다. 어진박물관은 태조 어진과 어진 봉안 관련 유물을 보관하기 위해 건립한 곳이다. 어진이 어떤 경로를 거쳐 이동했는지를 확인하면서 조선시대의 모습을 엿볼 수 있어 시간을 내 둘러볼 만하다.

01 고목의 잎사귀와 햇빛이 만든 그림자가 예쁘다.
02 경기전 외부의 보호수.
03 울창한 대나무 숲이 아름답다.

전주 한옥마을의 경치를 바라보다

오목대

한옥마을을 한눈에 보려면 오목대에 올라야 한다. 낮은 야산에 위치한 오목대는 고려 우왕 6년인 1380년 9월 이성계가 남원 황산에서 왜적을 토벌하고 돌아가는 길에 전주 이씨 종친들과 승전을 자축하는 잔치를 벌였던 곳이다. 오목대는 꽤 큰 규모의 정자인데, 마을에서 가장 높은 곳에 있어서 마을을 내려다볼 수 있다. 하지만 나무들 때문에 정자보다는 계단을 따라 아래로 조금 내려가야 마을이 잘 보인다. 마을 전체가 보존지구로 지정되어 주변에 높은 건물이 없기 때문에 저 멀리까지 시야가 훤히 트였는데, 한옥 기와지붕의 유려한 선과 멀리 보이는 현대적인 고층 건물이 조화를 이룬 풍경이 이채롭다. 이곳에서 보는 해 질 녘 노을이나 야경은 전주 여행의 백미로 꼽을 만하다. 오목대에서 한옥마을로 내려가는 둘레길도 있다. 약 7km에 걸쳐 평지가 이어지는 이 길은 한옥마을의 경치를 감상하면서 산책하기에 좋다.

01 고종의 친필이 담긴 기념비. **02, 04** 오목대에 오르면 보이는 전주 한옥마을의 풍경. **03** 고즈넉한 모습으로 사람들을 반기는 오목대.

주소 전북 전주시 완산구 태조로 6 **전화번호** 063-282-1335(오목대 관광안내소) **SITE** tour.jeonju.go.kr **찾아가는 길** 서울역에서 KTX를 타고 전주역에서 하차한 후 전주역첫마중길 정류장으로 나와 119번 버스로 환승, 전동성당·한옥마을에서 하차한 후 걸어서 8분

03

04

로마네스크 양식으로 지어 웅장한 느낌을 주는 전동성당의 전경.

역사와 건축 미학을 만나다

전동성당

웅장한 성당 건축물로 유명한 전동성당은 전주 여행의 필수 코스
다. 우리나라 3대 아름다운 성당 중 하나로 꼽히는 이유는 수려한
건축미 때문이기도 하지만, 전주라는 지리적 이점도 작용한다.
붉은색 벽돌과 푸른색 돔 지붕 등 전형적인 서양의 건축 기법을
따라 지은 성당은 주변의 고즈넉한 한옥들과 어우러져 이색적인
분위기를 자아낸다.

주소 전북 전주시 완산구 태조로 51
전화번호 063-284-3222
SITE www.jeondong.or.kr
찾아가는 길 서울역에서 KTX를 타고 전주역에서 하차한 후
전주역첫마중길 정류장으로 나와 119번 버스로 환승, 전동성
당·한옥마을에서 하차한 후 걸어서 3분

천주교의 아픈 역사 위에 세운 성당

로마네스크 양식으로 지어 화려한 건축미를 자랑하는 전동성
당은 그 아름다운 모습 이면에 아픔을 간직하고 있다. 조선 말
천주교 박해로 인해 전라도에서만 200여 명이 체포되었고,
1791년 신해박해 때 한국 천주교 최초의 순교자가 바로 이 자
리에서 나왔다. '순교자의 피가 흐르는 땅'에 세워진 성지로 천
주교 신자들은 전동성당을 꼭 방문해야 할 곳으로 꼽는다.

전동성당은 서양식 근대 건축물로는 역사가 가장 길다. 1908년
프랑스 신부 보두네가 건립에 착수해 1914년에 완공했으니 지
은 지 100년이 넘는다. 전동성당은 서울 명동성당, 대구 계산성
당과 함께 우리나라 3대 아름다운 성당으로 꼽힌다. 창문과 문
등에 아치를 많이 사용해 웅장미를 살린 로마네스크 양식의 성
당 건물은 그 자체로도 예쁘지만 주변의 한옥과 어우러져 동서
양이 묘하게 조합된 이채로운 아름다움을 풍긴다. 성당은 중국
인 인부 100여 명이 직접 구운 벽돌로 지었으며, 남문 밖 성벽
의 돌을 주춧돌로 사용했다. 그 돌들은 순교자들이 참수당하는
모습을 지켜본 것이라 더 의미 깊다. 화강석을 기단으로 그 위
에 붉은색 벽돌과 갈색 벽돌을 쌓아 뼈대를 만든 후 푸른빛 돔
형 지붕을 얹은 성당은 마치 피렌체의 두오모를 보는 것 같다.
중앙의 종탑을 중심으로 양쪽에 작은 종탑들을 배치해 입체감
을 살린 것도 매력적이다.

01

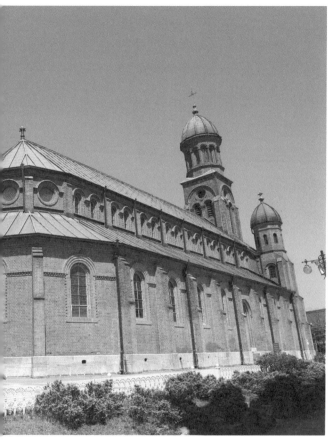

01 성당의 뒷모습. 붉은 벽돌과 푸른 지붕의 조화가 멋스럽다.
02 보고 있으면 마음이 편안해지는 수녀상.
03 스테인드글라스로 꾸민 창.

239

01

01 피에타상과 1926년에 지은 사제관.
02 기도하는 소녀상.
03 초대 주임신부 보두네의 흉상.
04 세월이 깃든 벤치가 고풍스러운 건물과 잘 어울린다.

02

성당의 아름다움에 반하다

성당의 앞모습은 여러 기념사진에 자주 등장해 익숙한 때문일까. 옆에서 감상한 옆모습과 뒷모습이 더 인상적이다. 성당의 전면이 수직으로 상승하는 듯 웅장한 느낌이라면, 측면과 후면은 압도적인 규모에서 오는 웅장미가 일품이다. 성당 뒤편의 사제관이나 순교자기념관도 성당과 비슷한 스타일로 지어져 마치 유럽의 어느 성당에 온 것 같은 착각을 불러일으킨다.

사진으로 담지는 못했지만 성당의 실내도 외관만큼이나 아름답다. 석조 기둥과 곡선미가 돋보이는 아치형 천장이 스테인드글라스를 통해 들어오는 빛과 조화를 이뤄 경건하면서 멋스러운 분위기를 연출한다. 내부를 둘러보고 있으려니 영화 〈약속〉의 장면들이 떠오른다. 영화의 두 주인공 공상두(박신양)과 채희주(전도연)가 슬프지만 아름다운 결혼식을 올린 장소가 바로 이곳이다. 조경이 예쁜 것도 이곳의 매력이다. 조경을 감상하며 건물 주변을 천천히 걷다 보면 어머니의 절절한 사랑이 느껴지는 피에타상과 한국 최초의 순교터라고 새겨진 비, 한국 최초의 순교자인 윤지충(바오로)와 권상연(야고보)의 동상, 전동성당을 지은 초대 주임신부 보두네의 흉상 등을 만날 수 있다.

전동성당의 색다른 모습을 보고 싶다면 해가 진 후 찾아가보길 권한다. 은은한 불빛을 받은 밤의 성당은 낮과는 사뭇 다른 분위기다.

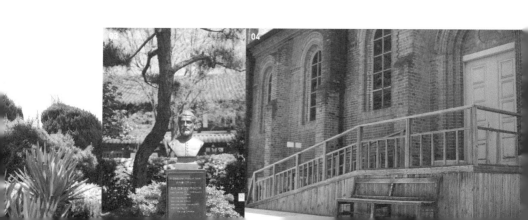

휴식이 있는 아름다운 차실
문화공간 하루

차를 마시는 것은 명상을 하는 것과 같다. 따뜻한 찻물이 마음속
에 쌓인 번뇌를 말끔히 씻어내주는 듯하다. 그 때문일까, 복잡한
일상을 벗어나고 싶을 때면 문화공간 하루가 생각난다. 한달음
에 달려갈 수 없지만 그래도 위안이 되는 것은 이곳에서의 기억
이 늘 남아 있기 때문이다.

주소 전북 임실군 운암면 강운로 1175-13
전화번호 063-643-5076
이용시간 11:00~19:00(명절 휴업)
이용요금 문화비 7,000원
SITE www.facebook.com/haruteaum
찾아가는 길 서울역에서 KTX를 타고 전주역에서 하차한 후
전주역첫마중길에서 119번 버스로 환승해 팔달로 예술회관에
서 하차, 974번 버스로 환승해 마암초등학교에서 하차한 후
걸어서 10분

기품 있는 자태로 옥정호를 바라보는 송하정.

낮은 담장 너머로 보이는 문화공간 하루의 전경.

01 전통적인 색감의 차양이 햇빛을 가려준다.
02 우리 차와 잘 어울리는 다기들이 전시되어 있다.
03 녹차에 잘 어울리는 단아한 다기.

자연과 하나 되는 치유의 공간

솔직히 말해서 나는 차를 즐기는 편은 아니다. 적지 않은 나이지만 차나 커피의 맛을 아직 깨우치지 못했다. 하지만 차를 마시면서 누릴 수 있는 특유의 여유로운 분위기는 참 좋다. 문화공간 하루는 누구에게나 열려 있는 차실이다. 이곳은 전통 차실의 맥을 잇기 위해 노력하고 있다. 그래서 차를 즐기면서 담소를 나누는 카페라기보다는 차를 마시며 사색에 잠기는 공간에 가깝다. 이용하는 방식도 독특하다. 찻값을 받는 것이 아니라 공간을 이용하는 조건으로 문화비를 받는다.

이곳은 그림 같은 옥정호가 내려다보이는 언덕 위에 자리하고 있다. 반짝이는 아침 햇살과 물안개가 환상적인 풍광을 빚어내는 옥정호는 섬진강에 댐을 건설하면서 생긴 인공 호수다. 이곳은 옥정호가 유독 잘 보이는 절벽에 있어 뷰 포인트로도 그만이다. 주변은 온통 수풀이 우거져 있고 발아래를 내려다보면 파란 물감을 풀어놓은 듯한 아름다운 호수가 펼쳐진다. 원래 그곳에 있던 것처럼 문화공간 하루는 주변의 자연과 동화되어 있다.

02 03

01 세월이 멋을 더한 송하정의 현판.
02 자연과 조화를 이룬 아름다운 풍경.
03 송하정의 대청마루에서 볼 수 있는 전망.
04 한옥을 차지하고 앉아 오붓한 시간을 즐기기에 좋다.
05 밀다헌 창밖으로 보이는 풍경.

05

03 04

잠시 마음을 쉬어 가는 곳

이곳은 공간의 특성에 따라 전통 정자인 송하정과 별채, 현대식 건물인 밀다헌으로 나뉜다. 그중 송하정은 유서 깊은 정자로 전북 고창에서 이곳 임실까지 옮겨왔다. 처음에는 주거 공간으로 사용하다가 차실의 의미를 부여해 문화 공간으로 개방했다. 송하정은 안팎의 풍경이 모두 멋스럽다. 대청마루에 앉아 있으면 반짝이는 잔잔한 호수가 눈에 담긴다. 이렇게 고풍스러운 한옥의 한 칸을 차지하고 있으면 이런 행복이 또 있을까 싶다.

송하정 아래층에는 전시관이 있다. 이곳에는 차를 마실 때 쓰는 다양한 다기가 있다. 이곳의 주인은 우리 차와 어울리는 적당한 다기가 없는 현실이 안타까워 도예 작가와 협업으로 황차, 녹차에 잘 어울리는 다기를 제작해 전시하고 있다. 송하정 뒤로 돌아가면 소정이라는 뒤꼍이 나온다. 불어오는 바람에 처마 끝 풍경이 청량한 울림을 낸다. 시간의 흐름을 잊은 채 하염없이 풍경 소리를 듣고 있으니 마음이 잔잔해진다. 살다 보면 힘든 일이 많다. 그래도 꿋꿋이 버틸 수 있는 것은 묵묵히 힘이 되어주는 존재들이 있기 때문이다. 이곳에서의 좋았던 기억이 힘든 나에게 따뜻한 손길을 내민다. 문화공간 하루는 지친 이들에게 위로를 주는 따스한 온기가 있다.

나만의 여행정보

소나무와 어우러져 빼어난 자태를 뽐내는 백양사 입구

힐링을 선사하는 산사에서의 하루

백양사

백양사는 몇 시간 머물렀다 가기에는 아쉽다. 국립공원으로 지정
될 만큼 빼어난 자연경관과 운치 있는 산사가 있기 때문이다. 백
양사에 간다면 당일보다는 산사의 하루를 온전히 경험할 수 있는
템플스테이가 제격이다. 하늘로 길게 뻗어 위용을 뽐내는 고목
도, 정자와 산을 투영하는 맑은 냇물도, 신선한 공기도 저마다 나
름의 방식으로 힐링을 선사한다.

주소 전남 장성군 북하면 백양로 1239
전화번호 061-392-7502
이용금액 어른 3,000원, 청소년 및 어린이 1,000원
SITE www.baekyangsa.or.kr
찾아가는 길 서울역에서 KTX를 타고 광주송정역에서 하차
한 후 무궁화호로 환승해 백양사역에서 하차. 장성사거리 터
미널에서 50-1번 버스로 환승해 회룡마을에서 하차한 후 걸
어서 34분

01

01 템플스테이 숙소 입구.
02 세월의 흔적이 역력한 대웅전.
03, 05 템플스테이 숙소는 관광객의 발길이
드문 곳에 위치해 있다.
04 스님들이 참선하는 공간.

02

03

04

05

속세의 묵은 때를 씻어주는 템플스테이

백양사 하면 가장 먼저 떠오르는 것이 템플스테이다. 이곳에서 템플스테이를 체험하는 한 개그맨의 모습이 TV 프로그램으로 방송돼 사람들의 관심을 모은 바 있다. 하지만 이전에도 백양사의 템플스테이는 유명했다. 백양사에는 미국 TV 프로그램과 넷플릭스 음식 다큐멘터리에 출연할 정도로 맛깔스러운 사찰 음식을 만들기로 유명한 정관 스님이 있다. 정관 스님의 사찰 음식 수업이 템플스테이 프로그램에 포함되어 있어 사찰 음식을 배우려는 많은 사람들이 이곳을 찾는다. 특히 미국, 중국, 캐나다, 호주, 네덜란드 등 다양한 국적의 외국인들이 참여할 정도로 인기가 높다. 그래서 템플스테이를 하고 싶다면 두세 달 전에 예약해야 한다. 무언가를 경험하기보다는 속세를 떠나 나에게 온전히 집중하고 싶다면 사찰 음식 체험 프로그램이 제외된 휴식형 템플스테이도 괜찮다. 백양사에서 보내는 하루를 통해 나에게 집중하는 삶을 깨우칠 수 있다.

눈이 호강하는 천년 고찰의 절경

내장산 국립공원에 위치한 백양사는 풍광이 아름답기로도 유명하다. 백양사로 향하는 길에는 은은하게 단풍이 드는 갈참나무 군락지가 있는데, 그중에는 우리나라에서 가장 오래된 수령 700년의 갈참나무도 있다. 이 나무 외에도 수령 400~500년은 족히 넘는 나무들이 즐비하다. 오랜 세월만큼 키 크고 우거진 나무들이 그늘을 만들어주는 산책길은 걷는 것만으로도 기분이 상쾌해진다. 좀 더 올라가면 기암절벽을 배경으로 자리한 쌍계루가 보인다. 고려의 충신 정몽주가 단풍 아래에서 왕을 그리는 애틋한 시를 썼던 곳으로, 현재는 그 아름다움을 담으려는 수많은 사진가들이 찾는 단골 피사체다. 맑은 물에 비친 쌍계루의 모습은 한 폭의 산수화처럼 멋지다.

01

끊임없이 이어지는 절경을 감상하면서 산길을 오르면 어느새 백양사에 도착한다. 백양사는 1400여 년 전 백제 무왕 때 창건된 고찰이다. 당시에 백암사라고 이름 지었으나 고려시대에 정토사로 바뀌고 조선시대에 들어서 다시 백양사로 바뀌었다. 웅장하고 큰 사찰은 아니지만 아기자기한 전통미가 느껴지며, 산 정상과 맞닿아 있어 어디로 눈을 돌려도 감탄을 자아내는 절경이 펼쳐진다.

나만의 여행정보

01, 03 속세에 찌든 마음까지 맑아지는 듯한 냇물.
02 고즈넉한 기와가 자연과 어우러져 멋스럽다.
04 사람들의 염원이 가득 담긴 돌탑.
05 백양사 최고의 절경인 쌍계루에서 본 풍경.
06 소원을 담은 연등.

마음이 편안해지는 갤러리 안 게스트하우스
서학 아트 스페이스

무작정 떠난 여행지에서 고단한 몸을 쉬어 갈 따뜻한 숙소를 만
나는 것은 참으로 행복한 일이다. 그곳이 감성을 충전할 수 있는
조건을 갖춘 곳이라면 여행은 한층 풍요로워진다. 서학동 예술
마을에서 만난 서학 아트 스페이스는 편안한 쉼과 이야기, 예술
이 함께하는 게스트하우스다.

주소 전북 전주시 완산구 서학로 7
전화번호 063-231-5633
이용시간 체크인 15:30, 체크아웃 11:00
site www.seohak-artspace.com
찾아가는 길 서울역에서 KTX를 타고 전주역에서 하차한
후 전주역첫마중길 정류장으로 나와 1000번 버스로 환승.
서학예술마을에서 하차한 후 걸어서 2분

서학동 예술마을 초입에 자리한 서학 아트 스페이스의 외관.

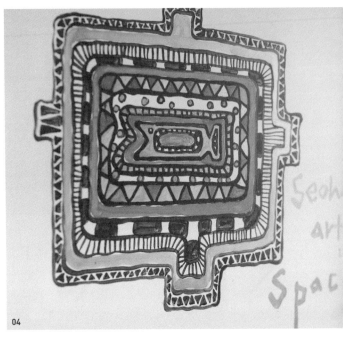

01,04 조각가인 이곳의 주인이 그린 그림이 손님을 반긴다.
02 주인의 작품이 곳곳에 전시되어 있다.
03 햇살이 들어오는 게스트하우스의 창가.
05 다양한 예술인이 모이는 복합 문화 공간에 걸맞게
곳곳에 비치된 소품도 예사롭지 않다.
06 아기자기하게 꾸민 1층 카페.

예술적 감성을 충전하는 쉼

서학동 예술마을 초입에 위치한 이곳은 카페와 갤러리, 게스트하우스를 겸한다. 지하 1
층은 조각가인 주인의 작업실, 1층은 카페, 2층은 갤러리, 3층은 게스트하우스로 이루
어져 있다. 과거 미용실과 전파사, 당구장 등이 어지럽게 들어서 있던 지저분한 건물을
깨끗하게 단장해 동네를 환하게 밝히는 복합 문화 공간으로 만들었다. 1층의 카페는 나
무와 조명, 패브릭이 조화를 이뤄 아늑한 분위기를 연출한다. 또한 건물의 중정 역할을
하는 야외 테라스가 있어 쉬기에도 좋다. 2층의 갤러리는 규모가 크지는 않지만 다양한
전시가 주기적으로 열린다. 3층의 게스트하우스는 혼자 혹은 둘이 머물기에 알맞을 정
도로 아늑하다. 군데군데 주인이 그려놓은 센스 있는 그림이 낯선 손님을 반갑게 맞이
해준다.

숙소를 고를 때 세심하게 고려해야 할 조건 중 하나는 위치. 이곳은 전주 남부시장과 한
옥마을을 걸어서 갈 수 있을 만큼 입지가 훌륭하다. 전주천을 사이에 두고 상대적으로
시끄러운 한옥마을에서 떨어져 있어 조용히 쉴 수 있는 것도 큰 장점. 또한 주변에는 예
술가들이 운영하는 공방과 작업실이 있어 볼거리가 가득하다.

06

SEOUL

SEOUL

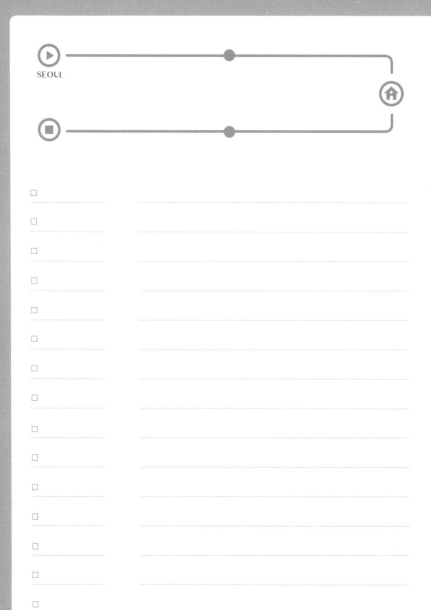

SEOUL

SEOUL

SEOUL
STATION

1hour	2hours	3hours
⊙	⊙	⊙
Seoul	Gyeonggi-do Incheon	Gangwon-do Chungcheong-do

다섯 시간, 길 위에서 진정한 나를 마주하다

4hours
Jeolla-do

5hours
Busan

여행의 묘미는 뜻밖의 발견이다.
다섯 시간이나 걸리는 먼 길을 나서는 것은
결코 쉽지 않은 일이다. 멀리 떠나 낯선
세상을 마주하는 용기. 그 안에서 또 다른
나를 발견한다. 길 위에서 내가 모르던
나의 본모습을 만난다.

* 소요시간은 편도를 기준으로 합니다.

나를 찾는 책 속으로의 여행
이터널 저니

책을 펴 든다. 책 속 주인공과 함께 시공간을 초월한 여행을 시작한다. 독서가 좋은 이유는 가장 손쉬운 방법으로 여행을 떠날 수 있기 때문이다. 그곳이 어디든, 언제든 상관없이. 이터널 저니는 책을 통한 여행을 권하는 서점이다. 이터널 저니에서 '호캉스' 말고 '북캉스'를 떠난다.

주소 부산시 기장군 기장읍 기장해안로 268-31
전화번호 051-604-7222
이용시간 평일 10:00~21:00, 주말·공휴일 09:00~21:00
SITE theananti.com/kr/cove
찾아가는 길 서울역에서 KTX를 타고 부산역에서 하차한 후 1003번 버스로 환승해 영남아파트에서 하차, 100번 버스로 환승해 동암후문에서 하차한 후 걸어서 10분

아이들의 눈높이에 맞게 꾸며놓은 키즈 섹션.

색을 통일하되 구획, 기둥으로 구분해 복잡하거나 답답해 보이지 않는 내부.

01

책과 떠나는 여행 권하는 서점

이터널 저니는 주장한다. 책은 곧 여행이라고. 부산 힐튼호텔에 위치한다는 장소적 이점 덕
분에 이들의 주장은 더욱 타당성을 얻는다. 영원한 항해라는 뜻을 가진 이터널 저니는 매우
독특한 서점이다. 약 1,650m²의 규모를 자랑하는 초대형 서점이지만 무턱대고 많은 책을 전
시하지 않는다. 보통의 서점과 달리 베스트셀러나 신간 대신 55가지 테마별로 섬세하게 큐
레이션한 책을 소개한다. 책은 키워드별로 진열되어 있으며, 키워드도 일상의 호기심과 맞
닿아 있다. 마치 '이런 책은 어때?' 하고 다정하게 물으며 책을 추천해주는 친구 같다. 책등만
보이도록 빽빽하게 꽂아두지 않고 표지가 보이게 진열한 점도 인상적이다.

책을 찾을 때도 여행하듯

2만여 권의 책이 진열돼 있지만 공간은 전혀 답답하거나 어수선하지 않다. 컬러에 통일감을 주면서도 구획과 기둥, 서가별로 마련된 표지판 등으로 쉽게 구분할 수 있다. 각각의 서가는 출판사나 작가명, 장르 등으로 구분해놓았다. 이 덕분에 책을 검색하는 시스템을 갖추지 않았지만 원하는 책을 찾는 데 어려움이 없다. 여기에는 사람들이 스스로 책을 찾는 여행을 하기 바라는 의도가 담겨 있는 듯하다. 특정 주제나 작가, 출판사에 따라 큐레이션 한 도서들을 찾아보는 일은 색다른 힐링을 선사한다.

01 책 외에 다양한 소품도 만날 수 있다.
02 이터널 저니의 책을 보는 시선이 담긴 글귀.
03 다양한 주제로 책을 큐레이션 했다.
04 작가를 주제로 한 서가 앞에 적어놓은 작가의 말.
05 음악 관련 서가에 그랜드피아노를 놓은 센스가 돋보인다.

문화와 콘텐츠가 함께하는 복합 문화 공간

하나의 주제로 책을 모아놓은 서가는 서로 연계되어 있어 그 자체로도 스토리가 된다. 예를 들어 분기별로 선정하는 작가의 섹션에는 해당 작가의 작품뿐 아니라 작가가 활발히 활동한 시대, 작가의 취향과 관련된 도서, 작가와 동시대에 활동한 다른 작가들의 작품까지 선보이는 식이다. 음악 관련 서가 앞에는 그랜드피아노를 두고, 여행을 테마로 한 책을 모아놓은 서가에는 지구본을 두는 등 책의 주제에 맞는 소품들을 적극 활용해 스토리를 이어간다. 또한 미술 전시처럼 벽면을 따로 할애해 서가의 주제에 대한 설명이나 작가, 책에 대한 코멘트를 적어놓은 것도 인상적이다.

책의 주제와 어울리는 사진과 작품, 각종 문구, 인테리어 소품 등을 판매하고, 잔잔한 음악이나 웅장한 음악을 틀어놓기도 한다. 모두 판매하는 책이지만 눈치 보지 않고 자유롭게 독서를 즐길 수 있도록 커다란 책상도 마련되어 있다. 공연이나 행사 같은 문화 이벤트를 벌이기도 하며, 부산 지역 작가나 디자이너를 위한 섹션을 따로 마련해 지역적 정체성도 드러낸다. 이곳이 단순히 책이 아니라 문화와 취향을 즐기는 공간이라는 것을 엿볼 수 있는 대목이다.

01, 02 단순한 주제가 아니라 호기심을 느낄 만한 일상의 주제로 책을 큐레이션 했다.
03 모든 책의 표지가 보이도록 잘 정돈해둔 서가.

03

연화리 포구에 정박된 어선들.

포구의 멋과 맛
연화리 회촌

도시를 벗어나 산 적 없는 서울 촌놈이라 그런지 바다는 보는 것
만으로도 좋다. 잘 정비한 해수욕장이 아니라 날것 그대로의 모
습을 마주하는 포구라면 더욱 그렇다. 동해에서 남해로 이어지
는 부산의 첫 해변인 기장 연화리의 회촌을 찾았다. 짠 내 가득한
포구와 포구를 따라 길게 늘어선 횟집, 그리고 아담한 어시장까
지 정겨운 어촌 풍경에 가슴이 설렌다.

주소 부산시 기장군 기장읍 연화리
찾아가는 길 서울역에서 KTX를 타고 부산역에서 하차한 후
1003번 버스로 환승해 영남아파트에서 하차, 100번 버스로
환승해 서암입구에서 하차한 후 걸어서 7분

271

해녀가 많은 연화리

기장 연화리는 날것 그대로의 어촌 풍경을 간직한 곳이다. 마을 뒷산에 연꽃무늬 비단 폭 같은 산봉우리가 있다. 이를 연화봉이라 부르는데, 연화리라는 마을 이름은 여기에서 유래했다. 이곳의 바닷가는 부담 없이 한 바퀴 휙 둘러보기에 적당할 만큼 아담하다. 해운대나 광안리와는 다른 수수한 바다 풍경이 인상적이다. 잔잔한 바다 위로 작은 고기잡이배들이 만선의 꿈을 싣고 분주하게 오간다.

부산은 제주에 이어 해녀들의 활동이 왕성한 곳이다. 1960~70년대에 부산이 급격하게 발전하면서 호남과 제주 지역 사람들이 대거 이주해왔다. 특히 제주 사람들이 몰려와 해안 지역에 자리 잡았는데, 연화리가 그중 한 곳이다. 그래서 제주 출신이거나 그들의 2세인 해녀들이 많다. 연화리를 대표하는 풍경 중 하나인 해안을 따라 늘어선 수십 개의 포장마차에서는 해녀들이 직접 잡은 해산물을 판다.

01 기장 연화리의 바다 풍경.
02 연화리 바닷가와 죽도를 잇는 연륙교.
03 빨간 고무 대야에 산낙지, 해삼, 멍게,
개불, 참소라, 전복 등이 가득하다.

01 10여 가지의 싱싱한 해산물이 차려지는 해물모둠.
02 매일 오전 해녀들이 물질로 잡은 싱싱한 해산물.
03 기장의 대표 특산물인 멸치.
04 다음 날 조업할 채비를 하는 배.

기장의 유일한 섬, 죽도의 비밀

연화리의 바닷가에는 철조망과 담벼락으로 둘러싸인
신비한 섬이 있다. 마치 거북이 물에 떠 있는 모습처
럼 보이는 이 섬은 기장의 유일한 섬인 죽도다. 처음
이 섬을 봤을 때는 공사를 하나 싶었는데, 매번 올 때
마다 그 모습 그대로라 섬이 가진 사연이 궁금했다.
섬이라고 부르기에는 규모가 작은 죽도는 기장 8경
중 2경으로 꽤 이름난 곳이다. 대나무가 무성해 선비
들이 즐겨 찾아 시를 읊고 가무를 즐겼고, 반세기 전
만 해도 사람들이 배를 타고 자유로이 드나들었다.
해녀들의 쉼터이자 아이들의 놀이터였던 섬은 현재
는 종교 단체의 사유지로 일반인의 출입이 금지되었
다고 한다.

해녀들이 잡은 싱싱한 해산물의 맛

연화 포구를 중심으로 50여 개의 횟집이 들어서 있는 회촌은 남녀노소를 불문하고 싱싱한 해산물을 맛보기 위해 찾는 곳이다. 기장의 해녀들이 매일 오전 두어 시간씩 물질을 해서 채취한 해산물을 한 상 푸짐하게 차려준다. 대략 10여 가지 해산물을 내놓는데, 계절에 따라 해산물의 종류에는 차이가 있다. 갓 잡은 해산물은 도시에서 맛볼 수 없는 싱싱함이 살아 있다. 입 안 가득 고소한 맛이 퍼지는 부드러운 전복죽도 이곳에서 꼭 맛봐야 하는 별미다.

나만의 여행정보

바다와 맞닿은 사찰
해동용궁사

동해 바다가 한눈에 내려다보이는 곳에 자리한 해변 사찰 해동
용궁사. 독특한 분위기 덕분에 사람들의 발길이 끊이지 않는 이
곳을 찾게 되는 이유는 사찰 하면 떠올리는 산속의 고즈넉함과
는 다른 바다와 어우러진 아름다운 사찰의 풍광을 감상할 수 있
기 때문이다. '한 가지 소원을 꼭 이뤄주는 절', 마음속으로 소원
을 빌며 사찰 여행에 나선다.

주소 부산시 기장군 기장읍 용궁길 86
전화번호 051-722-7744
이용시간 05:00~일몰 시(약사전과 방생터는 24시간)
SITE www.yongkungsa.or.kr
찾아가는 길 서울역에서 KTX를 타고 부산역에서 하차한
후 1001번 버스로 환승해 신도시시장·아세아문화원에서
하차, 181번 버스로 환승해 용궁사국립수산과학원에서 하
차한 후 걸어서 10분

해동용궁사로 이어지는 긴 계단.

바다와 가장 가까운 사찰

부산의 명물 중 하나는 '바다 위에 떠 있는 절'이라는 수식이 붙을 만큼 바다와 바로 붙어 있는 해동용궁사다. 1376년 나옹화상이 창건한 이 절의 원래 이름은 보문사로, 1976년에 부임한 정암 스님이 관음보살이 용을 타고 승천하는 꿈을 꾼 후 절 이름을 해동용궁사로 바꾸었다. 바다와 용, 해수관음대불이 조화를 이루어 그 어느 절보다 깊은 신앙심이 느껴지는 곳이다. 진심으로 기도하면 누구나 한 가지 소원을 이룰 수 있다는 이야기가 전해져 이곳을 찾는 사람들의 발길이 끊이지 않는다.

십이지신상이 늘어선 숲길을 지나면 교통안전을 비는 탑이 나온다. 그리고 곧이어 큰 용이 지붕을 받치고 서 있는 일주문을 지나게 된다. 황금빛 용이 기둥을 휘감고 있는 형태의 일주문은 용의 무시무시한 표정에 살짝 겁이 나기도 한다.

01 절 입구에 있는 교통안전을 비는 탑.
02 장수 계단이라고도 불리는 108계단.
03 한국적 정서가 담긴 돌담길.
04 해동용궁사의 이색적인 풍광.

용궁으로 들어서다

입구를 지나면 장수를 기원하는 108계단이 펼쳐진다. 계단 입구에 포대
화상이 서 있는데 배 부위만 유독 까맣다. 배를 만지면 아들을 낳는다
고 전해져 많은 사람이 배를 만지고 지나가기 때문이다. 108계단을 한
걸음씩 내려가면 용궁으로 들어서는 듯한 느낌이 들며 바다와 맞닿은
해동용궁사가 모습을 드러낸다. 왼쪽으로는 바다가, 정면으로는 사찰
이 보이는 아름다운 풍경은 사진으로 볼 때보다 훨씬 더 신비롭다.

바다와 바위가 어우러진 풍광이 이색적인 해동용궁사.

바다와 사찰을 함께 즐기다

계단을 내려가면 왼쪽으로 해변 산책로가 보인다. 산책로를 조금 걸어가면 해가 가장 먼저 뜬다는 일출암 위에 금박을 입힌 지장보살상이 있다. 여기가 바다 풍경도 즐기고 해동용궁사도 한눈에 감상할 수 있는 뷰 포인트다.

이번에는 사찰 쪽으로 방향을 틀어 용문교를 건넌다. 용문교 아래에는 항아리에 동전을 넣으면 소원이 이뤄진다는 소원 연못이 있다. 여기에서 동전을 던지는 수많은 사람들 때문에 발걸음을 옮기기 어렵다는 핑계로 동전 던지기 대열에 참여해본다. 사찰 안에서 눈여겨보아야 할 것은 해수관음대불과 진신사리탑이다. 대웅전 왼쪽 뒤에 서 있는 해수관음대불은 높이가 약 10m에 이르는 우리나라 최대의 석상이다. 사리탑은 대웅전 앞에 있는데 돌문이 닫혀 있어 아쉽게도 일반인은 들어갈 수 없다. 사리탑이 있던 자리는 예전에는 용암(미륵바위)이라는 유서 깊은 바위가 있던 곳이다. 바위는 6 · 25전쟁 이후 해안 경비를 위해 파괴하고, 그 자리에 사리탑을 세운 대신 해안 절벽에 용암이라는 붉은 글씨를 새긴 비석을 세워 기리고 있다. 해변 산책로에서 사찰을 끼고 있는 바위와 어우러진 바닷가를 보았다면, 대웅전에

용두암이라는 유서 깊은 바위를 기리기 위해 세운 비석.

서는 수없이 많은 바위와 그에 부딪혀 하얗게 부서지는 파도를 볼 수 있다. 대웅전 옆에는 포대화상이 또 있다. 배가 까만 입구의 포대화상과 달리 이번에는 미소를 띤 황금 돼지와 함께 껄껄 웃고 있다. 포대 하나를 걸치고 다니며 동냥으로 살면서도 언제나 어려운 중생을 돌봐준다는 포대화상의 웃음에 마음이 넉넉해지는 듯하다. 이 외에도 여의주를 물고 금방 승천할 듯 꿈틀거리는 청동 용이 바다를 향해 고개를 쳐든 모습을 형상화한 용상이나 동해 바다가 훤히 내려다보이는 곳에 자리를 잡고 있는 용궁단 등의 볼거리가 있다.

감탄할 만한 경치를 지닌 해동용궁사는 규모는 작지만 넉넉한 바다를 품고 있어 그 어느 절보다 크고 탁 트인 느낌이다. 이렇게 아름다운 풍경을 볼 수 있기에 종교를 떠나 여행지로서의 매력도 충분하다.

나만의 여행정보

이층 구조로 지은 일본식 전통 가옥.

일본식 전통 가옥에서의 아늑한 시간

문화공감 수정

아이유의 노래 '밤편지' 뮤직비디오에 등장한 감성적인 소녀의 방이 늘 궁금했다. 햇살이 가득 들어오는 단아한 집을 보며 분명 일본의 어느 집일 거라 예상했는데, 부산에 보존되어 있는 일본식 전통 가옥이란다. 안 가볼 수 없어 발길을 재촉했다. 문을 열고 들어서는 순간 일본으로 여행을 온 듯한 느낌을 주는 문화공감 수정에 다녀왔다.

주소 부산시 동구 홍곡로 75
전화번호 051-441-0004
이용시간 09:00~18:00(명절 휴업)
이용요금 아메리카노 4,000원, 매실차 4,000원,
매화꽃차 5,000원
찾아가는 길 서울역에서 KTX를 타고 부산역에서 하차한
후 82번 버스로 환승해 YMCA 하차. 걸어서 7분

01 02

타임머신 타고 떠나는 일본 여행

대문을 열고 들어서는 순간 일본에 와 있는 듯한 착각에 빠진다. 사진을 찍어 보면 더욱 그렇
다. 이곳은 1943년에 지은 일본식 목조 주택에 자리 잡은 문화공감 수정이다. 일제강점기에
일본인 사업가가 접대하기 위한 용도로 지은 집으로 일본이 전쟁에 패하면서 버려진 것을 한
국인이 인수해 요정으로 운영했었던 곳이다. 1990년 이전에는 일본인만 출입할 수 있는 고
급 요정이었다. 1990년대 들어서면서 우리나라 사람들도 출입할 수 있는 요정으로 운영되다
가 현재는 정란각이라는 이름을 문화공감 수정으로 바꾸고 카페로 운영 중이다.

우리에게는 아픈 역사를 상기시키는 건물이지만, 일제강점기 근대 주택 건축사와 생활사 연
구에 중요한 자료적 가치가 있다고 판단해 등록문화재 제330호로 등록되었다.

03 04

01 건물 뒤편의 모습.
02 2층에서 내려다보이는 1층의 기와.
03 뮤직비디오에서 아이유가 서서 창밖을 내려다보던 2층 복도.
04 조르르 놓여 있는 장독이 귀엽다.
05 문화공감 수정의 외관.

05

01, 04 기와와 소품 하나까지 원형 그대로 보존되어 있다.
02 복도 쪽 난간에는 동양적인 화기를 놓아 장식했다.
03 2층 계단에서 내려다본 1층.
05 일본풍 천을 걸어 이국적인 분위기가 난다.

일본 가옥에서 즐기는 티타임

항구와 기차역이 있는 부산 동구에는 일제강점기에 왜관이 있었다. 이 일대에 일본식 전통 가옥이 많이 남아 있는 이유를 여기서 찾을 수 있다. 문화공감 수정은 아픈 기억을 간직한 만큼 일본 가옥의 아름다움 또한 잘 보여준다. 건축에 사용한 자재를 전부 일본에서 공수할 정도로 각별한 정성을 들여 지은 곳으로 벽체와 창문 등 곳곳의 문양과 세심한 디테일을 보면 일본의 가옥을 그대로 옮겨놓은 듯한 수준이다. 유리 사이에 가림막을 넣어 햇빛을 가리게 만든 정교한 창문 장식과 태풍이 불 때 유리를 보호하는 나무 덧문 등은 볼수록 섬세하다.

이 아름다운 가옥은 원래 두 채로 지어졌는데, 소유권을 분리하는 과정에서 안타깝게도 한 채만 보존되었다. 그 흔적은 입구 왼편에 있는 반쪽짜리 작은 연못에서 찾을 수 있다. 일부는 온돌방으로 개조되었으나 툇마루와 장마루를 놓은 복도, 다다미방, 창호 문양 등이 원형 그대로 보존되어 있다.

햇빛이 잘 드는 1층 마루와 2층 복도는 이곳에서 가장 예쁘다. 고즈넉한 분위기와 이국적인 풍경 덕분에 사진을 찍으려는 사람들이 즐겨 찾는다. 이곳의 주문 시스템은 독특하다. 현관에 비치된 기계에서 먹고 싶은 메뉴를 선택하고 결제하면 주문표가 나온다. 들어가서 자리를 잡고 앉으면 번호를 부른다. 이렇게 파는 음료의 수익금은 건물 관리에 사용한다. 이곳은 모두에게 개방하는 공간이지만 문틀과 바닥, 벽체 등 건물의 모든 부분이 역사적 의미와 건축물로서의 가치가 있는 만큼 돌아볼 때는 특히 주의해야 한다.

나만의 여행정보

부산의 역사와 문화가 깃든 길
초량이바구길

이바구길은 부산항이 개항됐을 때부터 광복 후 1950~60년대,
우리나라의 산업 혁명기라 할 만한 1970~80년대에 이르기까지
굴곡진 역사가 그대로 담겨 있는 마을이다. 곳곳마다 깊은 사연
이 서려 있고, 아픈 기억도, 좋은 기억도 모두 간직한 그 길에서
시간이 켜켜이 쌓인 이바구를 듣는다. 지금도 여전히 이곳에서
살아 숨 쉬는 사람들의 이야기가 마음을 울린다.

 주소 부산시 동구 초량상로 49
전화번호 051-467-0289
이용시간 168 모노레일 07:00~20:00
SITE www.2bagu.co.kr
찾아가는 길 서울역에서 KTX를 타고 부산역에서 하차해
걸어서 14분

168계단을 오르는 수고를 덜어주는 모노레일.

01 향수를 불러일으키는 다양한 옛날 장난감을 판다.
02 계단 중간중간 아기자기한 소품들이 볼거리를 더한다.
03 168계단을 오가는 사람의 발길을 잡는 '다락방 장난감'의 간판.

이야기가 담긴 이바구길 여행

초량이바구길은 부산역에서 길 하나를 건너자마자 시작된다. 번잡한 부산역을 벗어나 이바구길로 들어서면 초량동의 옛이야기가 하나둘 모습을 드러낸다. 골목 어귀에서 브라운 톤의 이국적인 건물을 만났다면 제대로 찾아왔다는 증거다. 이곳은 1922년에 세운 옛 백제병원으로 부산 최초의 개인 종합병원이다. 병원이 문을 닫은 뒤로 중화요리점, 일본 아카쓰키 부대의 장교 숙소, 예식장을 거쳐 지금은 근사한 인더스트리얼 콘셉트의 카페로 변신했다.

여기서부터 표지판을 따라 얼마쯤 걸어가면 한강 이남 최초의 교회라는 초량교회가 나온다. 이곳과 초량초등학교는 그때부터 지금까지 여전히 이 마을의 교회이자 학교로 마을사람들과 세월을 같이 해왔다. 골목을 따라 동구의 옛 풍경과 이야기가 담긴 담장 갤러리와 동구 인물사 담장도 만난다. 좁고 고불고불한 골목을 빠져나오자 보기만 해도 아찔한 가파른 계단이 눈앞에 펼쳐진다. 그 유명한 168계단이다. 6·25전쟁 당시 피란민들은 부산으로 몰려들었다. 그리고 산비탈까지 빼곡하게 판잣집을 지었다. 산동네 판잣집 사람들은 계단을 무수히 오르내리며 계단 아래 우물에서 물을 길어 먹었고, 일하기 위해 혹은 학교에 가기 위해 계단을 지났다. 계단은 부산항에서 산복도로를 잇는 가장 빠른 지름길이다. 과거 부산항에 배가 들어오면 일거리를 얻기 위해 산동네 사람들은 이 계단을 뛰어 내려갔다.

하지만 이제 모두 옛 이야기가 되었다. 현재 계단 옆에는 산동네 사람들의 고단함을 덜어줄 모노레일이 다니고 있으니 말이다. 60m 길이의 모노레일은 최대 경사 42도, 분당 35m의 속도로 움직인다. 누구나 무료로 이용할 수 있어 마을 사람들과 이바구길을 둘러보는 관광객들의 계단을 오르는 수고를 덜어준다. 모노레일을 타고 오르다 보면 창밖으로 보이는 근사한 풍경에 절로 감탄하게 된다. 두 발로 계단을 오르는 낭만을 경험해봐도 좋다. 한 번에 오르기에는 힘에 부치지만 몇 계단 오르지 않아 아담한 전망대와 빵집, 소품 숍들이 나타나 지친 다리를 잠시 쉬어 갈 수 있다.

계단의 끝에 다다르면 탁 트인 부산 시내와 바다가 시원하게 내려다보이는 전망대가 있다. 산복도로를 따라 촘촘히 들어선 집과 멀리 보이는 부산항, 영도까지 한눈에 담을 수 있는 전망 때문이라도 이곳에 꼭 다시 와야겠다고 다짐하게 된다. 푸른 바다와 구름 한 점 없는 하늘이 맞닿은 청량한 풍경을 눈에 담으며 머릿속을 어지럽히는 고민과 일상의 피로를 단번에 날릴 수 있다.

전망대 반대편으로는 이바구 충전소 게스트하우스가 보인다. 이 지역 어르신들이 직접 운영하고, 수익금은 전액 어르신들에게 배분하는 곳으로, 이곳도 전망대 못지않은 조망을 자랑한다. 특히, 여기서 바라다보이는 부산 시내의 야경이 끝내준다.

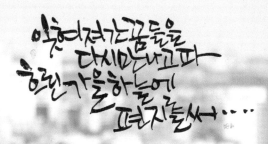

01 168계단 중간에서 보이는 부산 시내와 바다.
02 168계단에서 만날 수 있는 재미있는 안내판과 소품들.
03 계단 중간중간에서 마주하는 희망과 위로의 메시지.
04 168계단에 있는 캘리그래피 공방의 창가.

오르고 또 오르는 이바구 이야기

게스트하우스를 지나 더 올라가면 이바구 공작소에 도착한다. 이곳은 누구나 부담 없이 들렀다 갈 수 있는 갤러리이자 여행자들의 쉼터다. 광복부터 6 · 25전쟁을 거쳐 베트남 파병에 이르는 역사를 그림과 사진 등으로 풀어낸다. 오르고 또 오르면 산복도로의 정점인 망양로에 다다른다. 이 언덕에 '유치환의 우체통'이라는 카페와 전망대가 있는데 이곳에서 바다를 내려다보며 마시는 커피 한 잔이 일품이다. 자신에게 엽서를 써보는 것도 좋다. 큰 우체통에 엽서를 넣으면 6개월 뒤 받아볼 수 있어 잊고 있던 여행의 기억을 떠올리게 된다.

나만의 여행정보

맛과 뷰가 공존하는
홍신애빵집

168계단의 중간 지점, 모노레일의 지나는 아래에는 노란 문에 '빵'이라는 반가운 글씨가 쓰인 카페가 있다. 요리연구가 홍신애가 운영하는 곳으로 '168빵카페'라고도 부른다. 실내만 보면 규모는 작다. 왼쪽에 조리대와 카운터가 있고, 오른쪽에 작은 테이블 3개가 겨우 놓인 공간이다. 하지만 그 옆의 문을 통해 밖으로 나가면 실내보다 훨씬 넓은 테라스가 나오는 것이 반전이다. 168계단을 오르며 이곳을 찾아야 하는 이유 중 하나는 이 테라스에서 보이는 부산 시내와 바다 전망이 빼어나기 때문이다. 이게 전부라고 생각하면 오산이다. 빵집이지만 은근히 음료 메뉴도 다양하다. 시그니처는 초량 에이드인데 블루멜로 티를 우려서 만들어 색이 오묘하게 예쁘다. 믿을 수 있는 건강한 식재료만 사용해 만든 빵과 쿠키도 정말 맛있다.

01 실내에 있는 작은 테이블과 의자. 02 홍신애빵집의 메뉴판. 03 노란 문을 통해 들어가면 아기자기한 공간이 나온다. 04 문 앞으로 모노레일이 지나는 운치 있는 풍경. 05 홍신애빵집의 시그니처 메뉴.

주소 부산시 동구 영초길191번길 8-1 **전화번호** 010-9330-8544 **이용시간** 11:00~19:00(수요일 휴업) **이용요금** 아메리카노 3,900원, 초량에이드 5,300원 **사이트** www.instagram.com/choryang_bbangcafe **찾아가는 길** 서울역에서 KTX를 타고 부산역에서 하차해 걸어서 15분

04

05

일정한 간격의 아치로 스며드는 햇빛이 아름다운 달맞이재 터널.

추억 따라 걷는 철길 산책

미포철길

폐철길은 왠지 모르게 낭만적인 느낌이다. 버려진 것을 보며 드는 공허감이나 일상에서 쉽게 접할 수 없는 것에 대한 호기심 때문일까. 바다를 따라 쭉 이어진 미포철길은 폐철길 중에서도 유난히 감수성을 자극하는 장소다. 평행선을 따라 쭉 이어지는 길을 하염없이 걷다 보면 해운대라는 도시의 풍경은 사라지고, 바다와 나만 남는다.

주소 부산시 해운대구 달맞이길62번길 13 건널목관리소
찾아가는 길 서울역에서 KTX를 타고 부산역에서 하차한 후 1003번 버스로 환승해 미포 문탠로드 입구에서 하차, 걸어서 4분

감수성을 자극하는 동해남부선

해운대는 많은 사람이 사랑하는 관광지지만, 이곳에 낭만적인 폐철길이 있다는 사실을 아는 사람은 의외로 많지 않다. 1934년에 개통한 동해남부선이 없어지면서 폐쇄된 미포철길은 미포와 송정을 잇는 4.8km 구간에 이른다. 동해남부선은 이름부터 감수성을 자극한다. 동해와 남해를 잇는 이 구간은 구불구불한 지형 탓에 경주에서 해운대까지만 해도 1시간 30분이 걸렸다고 한다. 요즘처럼 너나없이 바쁜 시대에 이 느려 터진 철도가 없어지는 건 어쩌면 당연한 일인지도 모른다.

01

나만의 여행정보

예전 그대로의 모습을 간직한 철길

미포철길은 생뚱맞게 도로 한가운데서 시작된다. 초고
층 빌딩과 휘황찬란한 상점이 즐비한 해운대와 달리 이
곳은 발을 내딛는 순간 세상 모든 것과 차단된 듯 철길
과 바다 그리고 적막만 남는다. 철길은 예전 그대로다.
기차가 다니던 그때 그대로 레일과 자갈, 침목이 깔려
있다.

해운대의 고층 빌딩 숲을 등지고 바다를 따라, 철길을
따라 걷다 보면 작은 터널이 나온다. 달맞이재라고 부
르는 이곳은 철길 산책로의 하이라이트. 멀리서 보이는
터널은 들어서면 그 끝에 다른 세상이 펼쳐질 것만 같
아 설레기도 하고 두렵기도 하다. 하지만 막상 가까이
가보면 끝이 눈에 보일 정도로 짧다. 그런데도 이 터널
이 여행자들 사이에서 자주 회자되는 것은 일정한 간격
을 두고 아치 형태로 뚫린 공간으로 햇빛이 비집고 들
어오며 만들어내는 풍경이 아름답기 때문이다.

철길은 이후로도 쭉 이어진다. 이 길을 따라 걷고 또 걷
다 보면 청사포에 다다른다. 미포에서 청사포까지 50
분, 생각에 잠겨 천천히 산책하기에 적당한 시간이다.

01 철길에서 보이는 끝없이 펼쳐지는 바다 풍경.
02, 03 철길의 하이라이트인 달맞이재 터널.
04 저 멀리 보이는 터널 끝에 다른 세상이 펼쳐질 것만 같다.
05 철길이 시작되는 지점에 있는 기차 조형물.
06 철길에 간단히 소개하는 표지판.

예술을 입은 조선소 마을
깡깡이 예술마을

부산 남쪽의 커다란 섬 영도에서 보는 부산 바다는 색다르다. 고
층 건물과 요트가 즐비한 해운대, 광안대교가 위용을 뽐내는 광
안리와 달리 작은 어선과 수백 톤급 선박이 먼저 눈에 들어온다.
우리나라 근대사와 함께 발전한 도시 부산의 진면목을 볼 수 있
는 '부산다운' 곳이 바로 영도다. 그중에서도 부산 사람들의 삶의
애환의 담겨 있는 곳, 깡깡이예술마을로 떠났다.

알록달록한 옷을 입은 깡깡이 예술마을의 건물들.

주소 부산시 영도구 대평로27번길 8-8 생활문화센터 201호
전화번호 051-418-1863
SITE kangkangee.com
찾아가는 길 서울역에서 KTX를 타고 부산역에서 하차한 후 82번 버스로 환승해 영도경찰서에서 하차, 걸어서 11분

01 무너진 담벼락을 예술 작품으로 승화했다.
02 독일 작가 헨드리크 바이키르히
(Hendrik Beikirch)가 아파트에 그려
넣은 깡깡이 아지매.
03 잠시 쉴 수 있는 정겨운 카페.
04 이곳에는 예술과 주민들의 삶이 공존한다.
05 깡깡이예술마을임을 알리는 조형물.

삶의 애환이 서린 '깡깡' 소리

부산의 대표 관광지인 태종대로 유명한 영도에는 부산 사람들도 잘 모르는 동네가 있다. 골목마다 선박 부품업체와 조선소, 철공소, 공업소, 상사가 자리 잡고 있고, 부두에는 거대한 닻과 밧줄, 엔진 부속품 너머로 수백 척의 선박이 정박해 있는 곳, 바로 깡깡이마을이다. 이곳은 우리나라 최초의 근대식 조선소인 다나카 조선소가 들어섰던 곳으로, 그 역사가 100년이 넘는다. 일제강점기에 군수물자를 실어 나르는 배를 고치기 위해 이곳에 수리 조선소가 발전했고 오늘 날까지 이어온 것이다.

깡깡이라는 이름 역시 오랜 역사의 상징이다. 선박을 본격적으로 수리하기 전 배 표면에 붙어 있는 조개껍데기나 녹을 벗겨내기 위해 작은 망치로 때리면 '깡깡' 하는 소리가 난다고 해서 붙여진 이름이기 때문이다. 이 일은 아낙들이 적은 임금을 받고 주로 맡았는데, 깡깡이라는 말에는 이 '깡깡이 아지매'들의 거칠고 척박한 삶의 애환이 담겨 있다.

깡깡이마을은 1960~70년대 우리의 모습을 고스란히 간직하고 있다. 좁은 골목 사이로 고물상부터 40년 된 다방, 노동자들이 주로 찾는 허름한 식당까지 낡고 오래된 건물이 다닥다닥 붙어 있다. 마치 이곳만 시간이 멈춘 듯 모든 것이 예전 그대로다.

변화의 바람, 예술을 만나다

부산은 항구도시다. 오래전부터 작은 포구가 있었고 근대화가 진행되며 조선 산업이 발전했다. 지금은 사라져가는 근대 부산의 진면목을 볼 수 있는 곳이 깡깡이마을이다. 우리나라 조선 산업의 모태가 된 곳이지만 대형 조선소가 타 지역으로 이동하면서 사람들이 모두 빠져나가고 마을은 활기를 잃었다. 이 삭막했던 마을이 부산시가 문화 예술형 도시재생 프로젝트를 진행하면서 예술과 문화를 입은 깡깡이예술마을로 거듭나고 있다.

주민들의 생활 환경을 개선하고 텅 빈 거리에 사람들을 불러 모으기 위해 곳곳에 지역의 역사와 문화를 소재로 한 작품을 설치했다. 낡은 건물은 알록달록 새 옷을 입었고, 곳곳에 위트 있는 예술 작품이 자리 잡아 한층 개성 넘치는 공간으로 탈바꿈했다. 작품인지 원래 있던 것인지 모를 것들이 어우러진 이곳에서는 페인팅과 설치 작품, 웹툰 등 다양한 공공 예술 찾아보는 재미가 있다.

01 마을 곳곳에서 다양한 주제의 작품을 만날 수 있다.
02 선박들이 정박해 있는 마을 포구.
03 안내판 하나에도 의미가 담겨 있다.

03

주민들의 삶과 예술 문화의 공존

예술 작품을 찾아내고 감상하는 것 외에도 깡깡이예술마을을 즐기는 방법은 다양하다. 매주 토요일에 열리는 깡깡이예술마을 투어 프로그램은 이제 나이 지긋한 할머니가 된 깡깡이 아지매나 마을 주민들이 마을 곳곳을 직접 안내해준다. 옛 영도의 바다 물길을 '바다 버스'라고 부르는 배를 타고 따라가볼 수도 있다.

이런 모든 변화가 의미 있게 받아들여지는 것은 그 뒤편에서 주민들의 삶이 여전히 계속되기 때문이다. 조선 공정이 기계화되며 깡깡이 아지매는 사라졌지만, '깡깡' 하는 소리는 계속된다. 기름때 묻은 골목에는 오래전부터 이곳에 터를 잡은 철공소와 공업소들이 여전히 본연의 임무를 다하고 있다. 냄새와 소리, 풍경 등으로 날것의 부산을 만날 수 있는 이곳의 진정한 매력은 그대로인 셈이다.

나만의 여행정보

선베드에 누워서 바다를 바라볼 수 있는 1층 별침대 카페.

원 없이 바다를 바라보다
호텔 1

이도 저도 싫고 그저 쉬고 싶을 때가 있다. 이럴 때는 숨 가쁘게 달려온 자신에게 '호캉스'를 선물하면 어떨까. 전망 좋은 호텔이라면 더 좋다. 아늑한 침대에 누워 끝없이 펼쳐지는 바다를 내다보다가 배가 고프면 근처 맛집에서 만족스러운 식사를 할 수 있고, 밤이면 자유로운 분위기의 술집에서 한잔하기에도 좋은 곳, 광안리의 호텔 1이라면 부담스럽지 않은 스몰 럭셔리를 누릴 수 있다.

주소 부산시 수영구 광안해변로 203
전화번호 051-759-1011
SITE www.hotel1.me
찾아가는 길 서울역에서 KTX를 타고 부산역에서 하차한 후 41번 버스로 환승해 서호병원에서 하차, 걸어서 3분

나를 위한 호캉스

부산 여행에서 빼놓을 수 없는 곳이 광안리다. 해운대 못지않게 해변이 아름다울뿐더러 맛집도 많고 흥겨운 분위기의 술집이나 트렌디한 카페도 즐비하다. 무엇보다 광안리 해변 어디에서나 조망할 수 있는 광안대교의 야경은 광안리를 사랑할 수밖에 없는 이유다. 인기가 많은 만큼 수많은 공간이 생겼다가 사라지는 이곳에서 최근 핫 플레이스로 꼽히는 곳이 호텔 1이다.

광안리 해변에 위치한 이곳의 가장 큰 매력은 바다를 마음껏 볼 수 있다는 점이다. 내부는 흰 대리석과 통유리 창으로 아주 심플하게 디자인해 마음이 차분해지고 편안하게 쉴 수 있다. 통유리 창이 있어 굳이 밖으로 나가지 않아도 아름다운 일출과 일몰 등 광안리의 모든 것을 시시각각 감상할 수도 있다. 객실의 형태도 다양해서 이용 인원에 따라 1인용·2인용·3인용·4인용으로 나뉜 캡슐형 룸을 비롯해 싱글룸, 스위트룸까지 각자 예산과 스타일에 따라 선택할 수 있다. 머무는 동안 다양한 어메니티와 잠옷까지 제공하니 굳이 짐을 바리바리 싸들고 다닐 일도 없다. 호텔 1의 1층과 2층에는 선베드에 누워 광안리 해수욕장을 바라볼 수 있는 별침대 카페가 있다. 무제한으로 제공하는 음료와 간식을 먹으면서 눕고 싶으면 눕고, 기대고 싶으면 기대고, 앉고 싶으면 앉아서 늘어지게 쉴 수 있다.

01 2층 창가에는 좌식 공간도 마련되어 있다.
02, 03 전망을 가리는 일 없이 바다를
바라볼 수 있게 계단형으로 디자인한 카페 좌석.
04 전면이 유리로 되어 있어 어디서나 바다가
한눈에 들어오는 호텔 1의 외관.

나만의 여행정보

SEOUL

SEOUL

SEOUL

SEOUL

- [ ]
- [ ]
- [ ]
- [ ]
- [ ]
- [ ]
- [ ]
- [ ]
- [ ]
- [ ]
- [ ]
- [ ]
- [ ]
- [ ]
- [ ]
- [ ]

잠시 멈춰 서서 나에게 집중하는 시간

이틀, 새로운 나를 발견하다.

나에게 선물하는 특별한 이틀